新工人三级安全教育丛书

电力企业新工人
三级安全教育读本
（第二版）

韩绪鹏 主编

U0332836

中国劳动社会保障出版社

图书在版编目（CIP）数据

电力企业新工人三级安全教育读本/韩绪鹏主编. —2 版. —北京：中国劳动社会保障出版社，2015

（新工人三级安全教育丛书）

ISBN 978 - 7 - 5167 - 1809 - 4

Ⅰ.①电… Ⅱ.①韩… Ⅲ.①电力工业-安全生产-安全教育 Ⅳ.①TM08

中国版本图书馆 CIP 数据核字（2015）第 088663 号

中国劳动社会保障出版社出版发行

（北京市惠新东街 1 号 邮政编码：100029）

＊

中国标准出版社秦皇岛印刷厂印刷装订 新华书店经销

880 毫米×1230 毫米 32 开本 5.625 印张 149 千字

2015 年 6 月第 2 版 2020 年 10 月第 3 次印刷

定价：**20.00** 元

读者服务部电话：（010）64929211/84209101/64921644

营销中心电话：（010）64962347

出版社网址：http://www.class.com.cn

内 容 简 介

　　针对电力行业职工培训的新要求，力求适应新形势下电力行业新工人安全教育工作，本书对电力行业的安全技术知识和安全生产技能进行了精准的阐述。本书紧扣电力行业安全生产的特点，按照新工人三级安全教育的考核要求，总结电力企业的安全生产实践经验，在各章节中融合安全思想教育、安全知识教育、安全技术教育等重点内容。本书主要内容包括：概述、电力安全生产基本知识、电力安全生产技术、电力安全用具与电力系统灭火、典型电力安全生产事故与预防、电力行业职业卫生知识、电力行业应急救援知识。全书由浅入深，由基础到专业，通俗易懂，实用性强。本书可作为电力企业新工人的三级安全教育培训教材，也可作为高职高专电力技术类专业的电力安全知识教材，还可供从事电力企业生产管理的人员阅读和参考。

　　本书的主编为韩绪鹏，副主编为李辉、戴迪、王丽丽，参加编写的人员有高鹏飞、刘浔、王远瞧、龚卓、张强。本书在编写过程中得到了三峡电力职业学院、国网湖北省电力公司检修公司、中国能源建设集团职工培训中心的大力支持和帮助。全书由韩绪鹏负责统稿。

前　言

　　《中华人民共和国安全生产法》（中华人民共和国主席令第十三号）规定："生产经营单位应当对从业人员进行安全生产教育和培训，保证从业人员具备必要的安全生产知识，熟悉有关的安全生产规章制度和安全操作规程，掌握本岗位的安全操作技能，了解事故应急处理措施，知悉自身在安全生产方面的权利和义务。未经安全生产教育和培训合格的从业人员，不得上岗作业。"

　　《生产经营单位安全培训规定》（国家安全生产监督管理总局令　第3号）规定：

　　"煤矿、非煤矿山、危险化学品、烟花爆竹等生产经营单位必须对新上岗的临时工、合同工、劳务工、轮换工、协议工等进行强制性安全培训，保证其具备本岗位安全操作、自救互救以及应急处置所须的知识和技能后，方能安排上岗作业。"

　　"加工、制造业等生产单位的其他从业人员，在上岗前必须经过厂（矿）、车间（工段、区、队）、班组三级安全培训教育。"

　　企业对新入厂的工人进行三级安全教育，既是依照法律履行企业的权利与义务，同时也是企业实现可持续发展的重要措施。

　　不同行业的企业生产特点各不相同，存在的危险因素也大相径庭，要求工人掌握的安全生产技能和要求也有根本的区别，很难通过一本书来面面俱到地涉及不同行业需要的不同内容。"新工人三级安全教育丛书"按行业分类，更加深入、细致、全面地讲述相应行业的生产特点和技术要求，以及本行业作业人员可能遇到的典型的危险因素，可有助于工人快速地掌握本行业的安全生产知识，更贴近企业三级安全教育的要求，有利于不同行业的企业进行新工人培训时使用，使新工人在学习了相关内容之后能够顺利地走上工作岗位，并对其今后正确处理工作中遇到的安全生产问题具有指导意义。

　　"新工人三级安全教育丛书"在2008年推出第一版后，受到了广大企业用户的欢迎和好评，纷纷将与企业生产方向相近的图书品种作为新工人三级安全教育的教材和学习用书，取得了很好的效果。2009年以来，我国安全生产相关的法律法规进行了一系列修改，尤其是2014年12月1日开始实施的新修改的《安全生产法》，向用人单位对从业人员的安全生产培训教育提出了更高的要求。为了能够给各行业企业提供一套适应时代发展要求的图书，我社对原图书品种进行了改版，并增加了建筑施工企业、道路交通运输企业两个行业的品种。新出版的丛书是在认真总结和研究企业新工人三级安全教育工作的基础上开发的，并在书后附了用于新工人三级安全教育的试题以及参考答案，将更加具有针对性，是企业用于新工人三级安全教育的理想图书。

目　　录

第一章 概　　述

第一节　三级安全教育的基本概念

三级安全教育制度是企业安全教育的基本制度。教育的对象是新进厂的人员，包括新进入的员工、临时工、季节工、代培人员和实习人员。三级安全教育是指厂（矿）级安全教育、车间（工段、区、队）级安全教育、班组级安全教育。电力企业的三级安全教育授课时间累计不能少于 24 学时（45～50 分钟为 1 学时）。

一、三级安全教育的内容

1. 厂级安全教育

（1）讲解国家有关安全生产的方针、政策、法令、法规及行业相关的规程、规定，讲解劳动保护的意义、任务、内容及基本要求，使新入厂人员树立"安全第一，预防为主"和"安全生产，人人有责"的思想。

（2）介绍本企业的安全生产情况，包括企业发展史（含企业安全生产发展史）、企业生产特点、企业设备分布情况（着重介绍特种设备的性能、作用、分布和操作注意事项）、主要危险和要害部位及基本安全生产知识，介绍企业的安全生产组织机构及企业的主要安全生产规章制度等。

（3）介绍企业安全生产的经验和教训，结合本企业和电力行业常见事故案例进行剖析讲解，阐明伤亡事故的原因及事故处理程序等。

（4）提出希望和要求。如要求受教育人员要按《全国职工守则》和《企业职工奖惩条例》积极工作；要树立"安全第一，预防为主"的思想；在生产劳动过程中努力学习安全技术、操作规程，经常参加安全生产经验交流、事故分析活动和安全检查活动；

要遵守操作规程和劳动纪律，不擅自离开工作岗位，不违章作业，不随便出入危险区域及要害部位；要注意劳逸结合，正确使用劳动防护用品等。

新入厂人员必须全部进行教育，教育后要进行考试，成绩不合格者要重新接受教育，直至合格，并填写《职工三级教育信息记录表》。

厂级安全教育的授课时间一般为8学时。

2. 车间级安全教育

各车间有不同的生产特点及不同的要害部位、危险区域和设备。因此，在进行车间级安全教育时，应根据各自的情况详细讲解，内容应包括以下几点：

（1）介绍本车间的生产特点、性质。如车间的生产方式及工艺流程；车间人员结构，安全生产组织及活动情况；车间主要工种及作业中的专业安全要求；车间危险区域和作业场所、有毒有害岗位情况；车间安全生产规章制度及劳动防护用品穿戴要求和注意事项；车间事故多发部位、原因以及相应的特殊规定和安全要求；车间常见事故案例及分析；车间安全生产、文明生产的经验与问题等。

（2）根据车间的特点介绍安全技术基础知识。

（3）介绍消防安全知识及事故应急自救和逃生的方法。

（4）介绍车间安全生产和文明生产制度。

车间级安全教育的授课时间一般为8学时。

3. 班组级安全教育

班组是企业生产的"前线"，生产活动是以班组为基础的。由于操作人员活动在班组，机具、设备在班组，事故常常发生在班组。因此，班组级安全教育非常重要，主要内容包括以下几点：

（1）介绍本班组的生产概况、特点、范围、作业环境、设备状况、消防设施等。重点介绍可能发生伤害事故的各种危险因素和危险部位，可利用一些典型事故案例进行剖析讲解。

（2）讲解本岗位使用的电气设备、工具、器具的性能，防护装置的作用和使用方法。讲解本工种安全操作规程和岗位责任及有关安全注意事项，使学员真正从思想上重视安全生产，自觉遵守安全操作规程，做到不违章作业，爱护和正确使用电气设备、工具等。介绍班组安全活动内容及作业场所的安全检查和交接班制度。教育学员发现事故隐患或发生事故时应及时报告领导或有关人员，并学会如何紧急处理险情。

（3）讲解劳动防护用品的正确使用、保管方法及安全文明生产的要求。

（4）进行实际安全操作示范，重点讲解安全操作要领，边示范边讲解，说明注意事项，并讲述哪些操作是危险的、是违反操作规程的，使学员懂得违章作业将会造成的严重后果。

班组级安全教育的授课时间一般为8学时。

二、三级安全教育的组织实施

厂（矿）级安全教育培训一般由企业人事部门组织，安全技术管理部门与教育部门配合共同实施。车间（工段、区、队）级安全教育培训由车间（工段、区、队）负责人会同车间安全管理人员负责组织实施。班组级安全教育由班组长会同安全员、带班师傅组织实施。

三、三级安全教育的要求

1. 三级安全教育的程序：厂、车间、班组分别建立职工安全教育档案，由厂级安全管理部门管理，三级安全教育时间不得少于24学时，职工经过考试合格后方能上岗。

2. 职工调整工作岗位或离岗一年以上重新上岗时，必须进行相应的车间级或班组级安全教育。

3. 安全生产贯穿整个生产劳动过程中，而三级安全教育仅仅是安全教育的开端。新入厂人员只进行三级安全教育还不能单独上岗作业，还必须根据岗位特点，对他们再进行生产技能和安全技术培训。对特种作业人员，必须进行专门培训，经考核合格方可持证上岗操作。另外，根据电力企业生产发展情况，还要对职工进行定期复训安全教育等。

四、三级安全教育的意义

安全生产关系职工生命，电力企业安全事故大部分是由于工人不懂安全操作知识，误操作，违章作业造成的。三级安全教育是职工接受的一次正规的安全教育。因此，应以对职工生命高度负责的责任感，严把关口，扎扎实实地开展好三级安全教育，发挥教育员工的职能，不断强化员工的安全意识，提高员工的自我保护能力，使职工牢固树立起正确的安全观，积极投入安全生产中去。

1. 加强法制观念，使员工懂得企业安全生产的各项规章制度是同生产秩序和个人安全密切相关的。从而使广大员工认清自己在安全生产中不单纯是安全管理的对象，更重要的是安全生产的主人，从而提高员工搞好安全生产的自觉性、责任感和积极性。

2. 让员工深刻理解安全与自己的生活、工作、家庭、幸福息息相关，一次重大生产事故，不仅给本人和家庭带来不幸，也给企业以及他人带来巨大的损失。教育员工要在工作中热爱自己的岗位，保持心情舒畅，遵章守纪，与企业同呼吸、共命运。

3. 全技能教育。通过安全技术培训，提高员工劳动技能，克服蛮干和习惯性违章的不良习惯。使员工熟练掌握一般安全知识和专业安全技术。

第二节　安全生产的相关知识

一、安全生产常用的几个基本概念

1. 什么是安全

安全泛指没有危险、不受威胁和不出事故的状态。而生产过程中的安全是指不发生工伤事故、职业病、设备或财产损失的状况，也就是指人不受伤害，物不受损失。要保证生产作业过程中的安全，就要努力改善劳动条件，克服不安全因素，杜绝违章行为，防止发生伤亡事故。

2. 什么是工伤和工伤保险

工伤又称职业伤害，是指劳动者（职工）在工作或者其他职业活动中因意外事故伤害和职业病造成的伤残和死亡。一般而言，意外事故与劳动者从事工作或职业的时间和地点有关，而职业病与劳动者从事的工作或职业的环境、接触有毒有害物质的浓度和时间有关。

工伤保险又称职业伤害保险，是指劳动者由于工作原因并在工作过程中遭受意外伤害，或因接触粉尘、放射线、有毒有害物质等职业危害因素引起职业病时，由国家或社会给负伤、致残以及死亡者生前供养亲属提供必要的物质帮助的一项社会保险制度。

3. 什么是危险有害因素

由于能量的存在，使生产过程中的人、机、物料和环境等本身储存了过高的能量，如果方法不当，生产过程中的能量不按照人们预期的方式和程序流动或释放，释放的量超过了人们可以接受的程度，就会发生事故。概括地说，对人造成伤亡、健康损坏、导致疾病或对物造成损害的因素就是危险有害因素。

按照起因物、引起事故的诱导原因、致害方式等可将危险有害因素分为 20 类，分别为物体打击、车辆伤害、机械伤害、起重伤害、触电、淹溺、灼烫、火灾、高处坠落、坍塌、冒顶片帮、透水、放炮、火药爆炸、瓦斯爆炸、锅炉爆炸、容器爆炸、其他爆炸、中毒和窒息、其他伤害。

4. 什么是"三不伤害"

"三不伤害"是指工人在工作过程中不伤害自己，不伤害他人且不被他人伤害。

5. 什么是"三违"

"三违"是违章指挥、违章操作、违反劳动纪律的简称。要杜绝违章，首先要明白什么是违章，违章就是违反安全管理制度、规范、章程，违反安全技术措施及所从事的活动。"违章不一定出事（故），出事（故）必是违章"，这句话很好地诠释了事故与违章的关系。根据对全国每年上百万起事故原因进行的分析证明，95%以上是由于违章而导致的。违章是发生事故的起因，事故是违章导致的后果。

6. 什么是特种作业人员

特种作业人员是指其作业的场所、操作的设备、作业内容具有较大的危险性，容易发生伤亡事故，或者容易对操作者本人、他人以及周围设施的安全造成重大危害的作业人员。

电力行业常见的特种作业人员有电工作业人员、焊接与热切割作业人员、高处作业人员、煤矿安全作业人员。特种作业人员必须按照国家有关规定经过专门的安全作业培训，并取得特种作业操作资格证书后，方可上岗作业。专门的安全作业培训是指由有关主管部门组织的专门针对特种作业人员的培训，也就是特种作业人员在独立上岗作业前必须进行与本工种相适应的、专门的安全技术理论学习和实际操作训练。经培训考核合格，取得特种作业操作资格证书后才能上岗作业。

7. 什么是特种设备作业人员

锅炉、压力容器、电梯、起重机械、客运索道、大型游乐设施、场（厂）内专用机动车辆的作业人员及其相关管理人员称为特种设备作业人员。

特别注意，"特种设备作业人员证"与"特种作业操作证"是两种不同的证件，特种设备作业人员证由质量技术监督部门颁发；特种作业操作证由安全生产监督管理部门颁发。两者没有共同点，不通用。

二、安全生产的方针

安全生产方针对安全管理工作有重要的指导意义。我国的安全生产方针是"安全第一，预防为主，综合治理"。这一方针是开展安全生产工作总的指导方针，是长期实践的经验总结。

1. 安全生产方针的含义

"安全第一"是指在生产经营活动中，在处理保证安全与实现生产经营活动的其他各项目标的关系上，要始终把安全特别是从业人员和其他人员的人身安全放在首要的位置，实行"安全优先"的原则。在确保安全的前提下，努力实现生产经营的其他目标。当安全工作与其他活动发生冲突与矛盾时，其他活动要服从安全，绝不能以牺牲人的生命、健康、财产为代价换取发展和效益。

"预防为主"是指在实现"安全第一"的各种工作中，做好预防工作是最主要的。它要求人们防微杜渐，防患于未然，把事故和职业危害消灭在萌芽状态。它是安全生产方针的核心和具体体现，是实施安全生产的根本途径，也是实现"安全第一"的根本途径。

"综合治理"是指安全生产必须综合运用法律、经济、科技和行政手段，从发展规划、行业管理、安全投入、科技进步、经济政策、教育培训、安全文化及责任追究等方面着手，建立安全生产长效机制。将"综合治理"纳入安全生产方针，标志着对安全生产的认识上升到一个新的高度。

2. 正确理解安全生产方针

（1）坚持"以人为本"的思想

安全生产方针体现出了"以人为本"的思想。人的生命是最宝贵的，因此，始终要把保证员工的生命安全和健康放在各项工作的首要位置。安全生产关系到员工的生命安全，"安全第一"的方针要求各级人民政府、政府有关部门及其工作人员、企业负责人及其管理人员都必须始终坚持"以人为本"的思想，把安全生产作为经济工作和经营管理工作的首要任务。同样，也要求员工树立"以人为本"的思想，时刻把保护自己与他人的生命安全和健康作为大事，时刻绷紧安全这根弦，当安全与生产发生矛盾时，能够正确处理，确保安全。

（2）坚持"预防为主"的思想

所谓"预防为主"，就是要把预防生产安全事故的发生放在安全生产工作的首位。对安全生产的管理，主要不是在发生事故后去组织抢救，进行事故调查，找原因，追责任，堵漏洞，而要谋事在先、尊重科学、探索规律，采取有效的事前控制措施，千方百计预防事故的发生，做到防患于未然，将事故消灭在萌芽状态。虽然人类在生产、生活中还不可能完全杜绝安全事故的发生，但只要思想重视，预防措施得当，绝大部分事故特别是重大事故是可以避免的。从生产事故发生的原因来看：一是对安全生产和防范事故工作重视不够，主要表现为"重生产、轻安全"，把安全生产和经济发展对立起来，对一些重大事故隐患视而不见，空洞说教多，具体落实少，安全监督检查流于形式；二是有法不依，有章不循，执法不严，违法不究；三是有的重视事故发生后的调查处理，但对预防事故重视不够，必要的安全投入不够，甚至对已经出现的重大隐患没有及时采取防护措施，致使事故发生。因此，坚持预防为主，就要坚持培训教育为主。在提高生产经营单位主要负责人、安全管理人员和从业人员的安全素质上下功夫，最大限度地减少违章指挥、违章作业、违反劳动纪律的现象，努力做到"不伤害自己，不伤害他人，不被他人伤害"。只有把安全生产的重点放在建立事故隐患预防体系上，超前防范，才能有效减少事故造成的损失，实现"安全第一"。

（3）坚持"综合治理"

"综合治理"是指适应我国安全生产形势的要求，秉承"安全发展"的理念，自觉遵循安全生产规律，正视安全生产工作的长期性、艰巨性和复杂性，抓住安全生产工作中的主要矛盾和关键环节，综合运用经济、法律、行政等手段，人管、法治、技防多管齐下，并充分发挥社会、职工、舆论的监督作用，形成标本兼治、齐抓共管的格局，有效解决安全生产领域的问题。实施综合治理是一种新的安全管理模式，它是保证"安全第一，预防为主"的安全管理目标实现的重要手段和方法，只有不断健全和完善综合治理工作机制，才能有效贯彻安全生产方针。

三、安全生产的基本原则

在我国，除了应遵循"安全第一，预防为主，综合治理"的安全方针外，还应遵循以下基本原则，包括：第一，四不伤害；第二，三不违章；第三，工伤事故"四不放过"；第四，工程项目"三同时"；第五，生产与安全统一；第六，3E。

1. 四不伤害

"四不伤害"原则包括以下几点：

（1）不伤害自己

在工作中，要按照相应的安全操作规程进行操作，注意个人防护装置，穿戴要符合要求。

（2）不伤害别人

除了不伤害自己外，也要不伤害别人。

（3）不被别人伤害

在工作中，有的人会有意无意伤害到别人，这种情况下要注意保护好自己不被伤害。

（4）保护他人不受伤害

在企业中，应实行亲情式管理，企业的管理者要像管理家庭一样管理企业，这样才能赢得员工的心。同时，管理者也要教育员工相互关心，强调"亲情"和亲和力，让员工多关心别人。

在企业中，员工之间一定要相互关心，确保自己不受事故伤害的同时也要确保身边的人不受事故伤害，须知如果别人出了安全事故，也会影响自己。

2. 三不违章

"三不违章"原则即不违章操作、不违章指挥和不违反劳动纪律。

3. 工伤事故四不放过

工伤事故"四不放过"原则包括：

第一，事故原因分析不清不放过。

第二，没有防范措施不放过。

第三，事故责任者和员工没有受到教育不放过。

第四，事故责任人没有受到处理不放过。

企业发生事故后，只有从以上四个方面进行反思，才能系统地解决问题。需注意，这四个方面不能顾此失彼，都应当做好。

4. 工程项目"三同时"

所谓工程项目"三同时"原则，是指在新改扩或者技术改造时，劳动安全卫生设施必须与执行工程同时设计、同时施工、同时投入使用。例如，消防通道、危险化学品仓库等要同时设计、同时施工、同时建设。

企业有时也需要采用"五同时"原则，即在组织生产，进行计划、布置、检查、总结和评比生产时，同时进行计划、布置、检查、总结、评比安全工作。安全工作是正常工作的一部分，两者密不可分。

5. 生产与安全统一

"生产与安全统一"原则是指在企业中谁主管谁负责，管生产的必须管安全，搞技术的必须懂安全。

6. 3E

安全管理的"3E"原则，即 Engineering、Education 和 Enforcement。Engineering 即利用技术手段消除安全隐患。Education 指对员工的安全意识和安全能力进行培训。Enforcement 指对员工特别是对基层员工进行强制要求，要求员工必须按照安全设备的操作规范去作业。

第三节　安全生产法律法规

安全生产法律法规是保护劳动者在生产过程中的生命安全和身体健康的有关法令、规程、条例、规定等法律文件的总称。安全生产法律法规的主要作用是调整生产过程及商品流通过程中人与人之间、人与自然之间的关系，维护劳动法律关系中的权利与义务，生产与安全的辩证关系，以保障劳动者在生产过程中的安全和健康。

一、安全生产法律体系的基本框架

我国安全生产法律体系是包含多种法律形式和法律层次的综合性系统，主要有以安全生产法律法规为基础的宪法规范、行政法律规范、技术性法律规范、程序性法律规范。按法律地位及效力同等原则，安全生产法律体系体现为如图所示的层级。

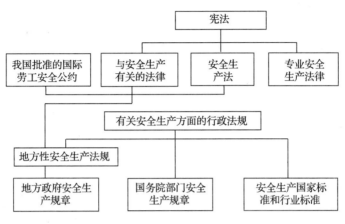

图 安全生产法律体系

1.《宪法》

《宪法》是安全生产法律体系框架的最高层级，其中第四十二条关于"加强劳动保护，改善劳动条件"是安全生产方面具有最高法律效力的规定。

2. 安全生产方面的法律

基础法有《安全生产法》和与它平行的专业安全生产法律和与安全生产有关的法律。《安全生产法》是综合规范安全生产的法律，是我国安全生产法律体系的"核心"。专业安全生产法律是规范某一专业领域安全生产的法律，如《矿山安全法》《海上交通安全法》《消防法》等。与安全生产有关的法律是指安全生产专门法律以外的其他法律中有安全生产规定内容的法律。这类法律有《劳动法》《建筑法》《煤炭法》《铁路法》《民用航空法》《全民所有制企业法》等。

3. 安全生产行政法规

安全生产行政法规是国务院为执行安全生产法律和行使安全生产行政管理职能而制定的具体规定，是实施安全生产监督管理和监察工作的重要依据。安全生产行政法规有《使用有毒物品作业场所劳动保护条例》等。

4. 地方性安全生产法规

地方性安全生产法规是国家安全生产立法的补充，是安全生产法律体系的重要组成部分。地方性安全生产法规多由法律授权制定，其内容不得和法律、行政法规相抵触，其效力低于行政法规。随着《安全生产法》的颁布实施和安全生产监督管理体制的改革，地方性安全生产立法也要及时修订完善。例如，地方性安全生产法规有《北京市安全生产条例》等。

5. 部门安全生产规章和地方政府安全生产规章

根据《立法法》的有关规定，部门之间、部门规章与地方政府规章之间具有同等效力，在各自的权限范围内施行。地方政府安全生产规章在地方政府实施安全生产监督管理工作中起着十分重要的作用，也需要根据《安全生产法》的有关规定制修订地方的安全生产规章，使这些规章一方面从属于法律和行政法规，另一方面又从属于地方法规，不得与法律、行政法规、地方法规相抵触。

6. 安全生产标准

有关安全生产方面的标准有国家标准、行业标准、地方标准和企业标准。根据《标准化法》的规定，国家标准、行业标准分为强制性标准和推荐性标准。保障人体健康、人身安全、财产安全的标准和法律、行政法规规定强制执行的标准是强制性标准。有关安全生产方面的国家标准和行业标准是实施安全生产管理和监督执法的重要技术依据。强制性标准与世界贸易组织《技术性贸易壁垒协定》（WTO/TBT）规定的技术性法规在制定范围和作用上是基本一致的，其作为我国技术法规的主要表现形式已经得到了 WTO/TBT委员会的认可。

7. 已批准的国际劳工安全公约

国际劳工安全公约属国际法范畴，虽不应包括在我国法律体系内，但是属于我国批准了的，在我国国内具有法律效力。

二、主要相关的法律法规

1. 《宪法》

《宪法》第四十二条规定："中华人民共和国公民有劳动的权

利和义务。国家通过各种途径，创造劳动就业条件，加强劳动保护，改善劳动条件，并在发展生产的基础上，提高劳动报酬和福利待遇……"第四十三条规定："中华人民共和国劳动者有休息的权利。国家发展劳动者休息和休养的设施，规定职工的工作时间和休假制度。"第四十八条规定："国家保护妇女的权利和利益……"

2.《劳动法》

《劳动法》共有十三章一百零七条，于1994年7月5日第八届全国人民代表大会常务委员会第八次会议审议通过，自1995年1月1日起施行。其立法的目的是保护劳动者的合法权益，调整劳动关系，建立和维护适应社会主义市场经济的劳动制度，促进经济发展和社会进步。第四章对维护和实现劳动者的休息权利，合理地安排工作时间和休息时间做出了法律规定；第六章从六个方面规定了我国职业健康安全法规的基本要求；第七章对女职工和未成年工特殊职业健康安全要求做出了法律规定。2009年8月27日第十一届全国人民代表大会常务委员会第十次会议通过《全国人民代表大会常务委员会关于修改部分法律的决定》，自公布之日起施行。修改如下：《中华人民共和国劳动法》第九十二条中的"依照刑法第×条的规定"和"比照刑法第×条的规定"修改为"依照刑法有关规定"。

3.《安全生产法》

《安全生产法》于2002年6月29日第九届全国人民代表大会常务委员会第28次会议通过，同年11月1日颁布实施。2014年8月31日第十二届全国人民代表大会常务委员会第十次会议通过《全国人民代表大会常务委员会关于修改〈中华人民共和国安全生产法〉的决定》，自2014年12月1日起施行。共有7章97条，主要对"生产经营单位的安全生产保障""从业人员的权利和义务""安全生产的监督管理"及"法律责任"做出了基本的法律规定。

4.《职业病防治法》

《职业病防治法》于2001年10月27日第九届全国人民代表大

会常务委员会第 24 次会议通过，2002 年 5 月 1 日起施行。根据 2011 年 12 月 31 日第十一届全国人民代表大会常务委员会第二十四次会议《全国人民代表大会常务委员会关于修改〈中华人民共和国职业病防治法〉的决定》修正。《职业病防治法》分总则、前期预防、劳动过程中的防护与管理、职业病诊断与职业病病人保障、监督检查、法律责任、附则共 7 章 90 条，自 2011 年 12 月 31 日起施行。其目的是预防、控制和消除职业病危害，防治职业病，保护劳动者健康及其相关权益，促进经济社会发展。职业病防治工作的基本方针是"预防为主、防治结合"；管理的原则是实行"分类管理、综合治理"。职业病一旦发生，较难治愈，所以职业病防治工作的重点是抓致病源头，采取前期预防的措施。职业病防治管理需要政府监督管理部门、用人单位、劳动者和其他相关单位共同履行自己的法定义务，才能达到预防为主的效果。《职业病防治法》中规定了劳动者职业卫生保护权利、用人单位的职业病防治职责及职业病诊断和职业病病人待遇等。

5.《使用有毒物品作业场所劳动保护条例》

《使用有毒物品作业场所劳动保护条例》于 2002 年 4 月 30 日国务院第 57 次常务会议通过，并以国务院令第 352 号公布、施行。本条例共有 8 章 71 条，条例制定的目的是保证作业场所安全使用有毒物品，预防、控制和消除职业中毒危害，保护劳动者的生命安全、身体健康及其相关权益。

6.《工伤保险条例》

《工伤保险条例》于 2003 年 4 月 16 日国务院第 5 次常务会议讨论通过，并于 2004 年 1 月 1 日起施行。人力资源和社会保障部在认真总结条例实施经验的基础上，于 2009 年 7 月起草了《工伤保险条例修正案（送审稿）》，报请国务院审议。《国务院关于修改〈工伤保险条例〉的决定》已经 2010 年 12 月 8 日国务院第 136 次常务会议通过，现予公布，自 2011 年 1 月 1 日起施行。《工伤保险条例》制定的目的是保障因工作遭受事故伤害或者患职业病的职工获得医疗救治和经济补偿，促进工伤预防和职业康复，分散用人单位的工伤风险。该条例对工伤和劳动能力鉴定、工伤待遇等做了规定。

7.《生产安全事故报告和调查处理条例》

《生产安全事故报告和调查处理条例》以中华人民共和国国务院令第 493 号，经 2007 年 3 月 28 日国务院第 172 次常务会议通过，2007 年 4 月 9 日公布，自 2007 年 6 月 1 日起施行。为了规范生产安全事故的报告和调查处理，落实生产安全事故责任追究制度，防止和减少生产安全事故，根据《中华人民共和国安全生产法》和有关法律，制定本条例。生产经营活动中发生的造成人身伤亡或者直接经济损失的生产安全事故的报告和调查处理，适用本条例；环境污染事故、核设施事故、国防科研生产事故的报告和调查处理不适用本条例。

8.《中华人民共和国特种设备安全法》

《中华人民共和国特种设备安全法》由中华人民共和国第十二届全国人民代表大会常务委员会第二次会议于 2013 年 6 月 29 日通过，2013 年 6 月 29 日中华人民共和国主席令第四号公布。《中华人民共和国特种设备安全法》分总则，生产、经营、使用，检验、检测，监督管理，事故应急救援与调查处理，法律责任，附则共 7 章 101 条，自 2014 年 1 月 1 日起施行。

9.《消防法》

《消防法》的制定是为了预防火灾和减少火灾危害，加强应急救援工作，保护人身、财产安全，维护公共安全。中华人民共和国主席令第六号《中华人民共和国消防法》已由中华人民共和国第十一届全国人民代表大会常务委员会第五次会议于 2008 年 10 月 28 日修订通过，自 2009 年 5 月 1 日起施行。

第四节　从业人员安全生产的权利和义务

一、从业人员的安全生产基本权利

2014 年新《安全生产法》规定了各类从业人员必须享有的、

有关安全生产和人身安全的最重要、最基本的权利。这些基本安全生产权利可以概括为以下八项：

1. 建议权

即从业人员有对本单位的安全生产工作提出建议的权利。建议权保障从业人员作为安全生产的基本要素发挥积极的作用，做到安全生产，人人有责。《安全生产法》第五十条规定，生产经营单位的从业人员有权了解其作业场所和工作岗位存在的危险因素、防范措施及事故应急措施，有权对本单位的安全生产工作提出建议。

2. 获得各项安全生产保护条件和保护待遇的权利

即从业人员有获得安全生产卫生条件的权利；有获得符合国家标准或者行业标准劳动防护用品的权利；有获得定期健康检查的权利等。上述权利设置的目的是保障从业人员在劳动过程中的生命安全和健康，减少和防止职业危害发生。

3. 获得安全生产教育和培训的权利

即从业人员有获得本职工作所需的安全生产知识，安全生产教育和培训的权利，从而使从业人员提高安全生产技能，增强事故预防和应急处理能力。

4. 享受工伤保险和伤亡赔偿权

《安全生产法》明确赋予了从业人员享有工伤保险和获得伤亡赔偿的权利，同时规定了生产经营单位的相关义务。《安全生产法》第四十九条规定："生产经营单位与从业人员订立的劳动合同，应当载明有关保障从业人员劳动安全、防止职业危害的事项，以及依法为从业人员办理工伤保险的事项。生产经营单位不得以任何形式与从业人员订立协议，免除或者减轻其对从业人员因生产安全事故伤亡依法应承担的责任。"第五十三条规定："因生产安全事故受到损害的从业人员，除依法享有工伤保险外，依照有关民事法律尚有获得赔偿的权利的，有权向本单位提出赔偿要求。"第四十八条规定："生产经营单位必须依法参加工伤保险，为从业人员缴纳保险费。"此外，法律还规定，生产经营单位与从业人员订立协议，免除或者减轻其对从业人员因生产安全事故伤亡依法应承担的责任的，此类协议无效。

5. 危险因素和应急措施的知情权

《安全生产法》第四十一条规定："生产经营单位应当教育和督促从业人员严格执行本单位的安全生产规章制度和安全操作规程；并向从业人员如实告知作业场所和工作岗位存在的危险因素、防范措施以及事故应急措施。要保证从业人员这项权利的行使，生产经营单位就有义务事前告知有关危险因素和事故应急措施。"否则，生产经营单位就侵犯了从业人员的权利，并应对由此产生的后果承担相应的法律责任。

6. 安全管理的批评检控权

从业人员是生产经营活动的直接承担者，也是生产经营活动中各种危险的直接面对者，他们对安全生产情况和安全管理中的问题最了解、最熟悉。只有依靠他们并且赋予其必要的安全监督权和自我保护权，才能做到预防为主，防患于未然，保证企业安全生产。所以，《安全生产法》第五十一条规定，从业人员有权对本单位安全生产工作中存在的问题提出批评、检举、控告。

7. 拒绝违章指挥和强令冒险作业权

在生产经营活动中，经常出现企业负责人或者管理人员违章指挥和强令从业人员冒险作业的现象，并由此导致事故，造成人员伤亡。针对这种情况，《安全生产法》第五十一条规定："生产经营单位不得因从业人员对本单位安全生产工作提出批评、检举、控告或者拒绝违章指挥、强令冒险作业而降低其工资、福利等待遇或者解除与其订立的劳动合同。"

8. 紧急情况下的停止作业和紧急撤离权

由于生产经营场所自然和人为危险因素的存在，经常会在生产经营作业过程中发生一些意外的或者人为的直接危及从业人员人身安全的危险情况，将会或者可能会对从业人员造成人身伤害。如从事危险物品生产作业的从业人员，一旦发现将要发生危险物品泄漏、燃烧、爆炸等紧急情况并且无法避免时，应最大限度地保护现场作业人员的生命安全，为此，法律赋予他们享有停止作业和紧急撤离的权利。《安全生产法》第五十二条规定："从业人员发现直接危及人身安全的紧急情况时，有权停止作业或者在采取可能的应急措施后撤离作业场所。生产经营单位不得因从业人员在前款紧急情况下停止作业或者采取紧急撤离措施而降低其工资、福利等待遇或者解除与其订立的劳动合同。"

二、从业人员的安全生产基本义务

1. 遵章守规，服从管理的义务

《安全生产法》第五十四条规定："从业人员在作业过程中，应当严格遵守本单位的安全生产规章制度和操作规程，服从管理，正确佩戴和使用劳动防护用品。"根据《安全生产法》和其他有关法律、法规和规章的规定，生产经营单位必须制定本单位安全生产的规章制度和操作规程。从业人员必须严格依照这些规章制度和操作规程进行生产经营作业。生产经营单位的从业人员不服从管理，违反安全生产规章制度和操作规程的，由生产经营单位给予批评教育，依照有关规章制度给予处分；造成重大事故，构成犯罪的，依照刑法有关规定追究其刑事责任。

2. 佩戴和使用劳动防护用品的义务

按照法律、法规的规定，为保障人身安全，生产经营单位必须为从业人员提供必要的、安全的劳动防护用品，以避免或者减轻作业和事故中的人身伤害。但实践中，由于一些从业人员缺乏安全知识，认为没有必要佩戴和使用劳动防护用品，往往不按规定佩戴或者不能正确佩戴和使用劳动防护用品，由此引发的人身伤害事故时有发生，造成了不必要的伤亡。因此，正确佩戴和使用劳动防护用品是从业人员必须履行的法定义务，是保障从业人员人身安全和生产经营单位安全生产的需要。从业人员不履行上述义务而造成人身伤害的，生产经营单位不承担法律责任。

3. 接受培训，提高安全生产素质的义务

从业人员的安全生产意识和安全技能的高低直接关系到生产经营活动的安全可靠性。特别是从事危险物品生产作业的从业人员，更需要具有系统的安全生产知识，熟练的安全生产技能，以及对不

安全因素和事故隐患、突发事故的预防、处理能力和经验。许多国有和大型企业一般比较重视安全生产培训工作，从业人员的安全生产素质比较高。但是一些非国有和中小企业不重视或者不进行安全生产培训，有的没有经过专门的安全生产培训，或者简单应付了事，其中部分从业人员不具备应有的安全生产素质，因此违章违规操作，酿成事故。为了明确从业人员接受培训、提高安全生产素质的法定义务，《安全生产法》第五十五条规定："从业人员应当接受安全生产教育和培训，掌握本职工作所需的安全生产知识，提高安全生产技能，增强事故预防和应急处理能力。"

4. 发现事故隐患及时报告的义务

从业人员直接进行生产经营作业，是事故隐患和不安全因素的第一当事人。许多生产安全事故是由于从业人员在作业现场发现事故隐患和不安全因素后没有及时报告，以致延误了采取措施进行紧急处理的时机，并由此引发重大、特大事故。如果从业人员尽职尽责，及时发现并报告事故隐患和不安全因素，许多事故就能够得到及时、有效的处理，从而避免事故发生和降低事故损失。为此，《安全生产法》第五十六条规定："从业人员发现事故隐患或者其他不安全因素，应当立即向现场安全生产管理人员或者本单位负责人报告；接到报告的人员应当及时予以处理。"这就要求从业人员必须具有高度的责任心，及时发现事故隐患和不安全因素，防患于未然，预防事故的发生。

5. 安全事故隐患及时处理的义务

根据《安全生产法》第三十八条规定，对于事故隐患，生产经营单位应当建立安全生产事故隐患排查治理制度，采取技术、管理措施，及时发现并消除事故隐患。第十八条规定，生产经营单位的主要负责人具有督促、检查本单位的安全生产工作，及时消除生产安全事故隐患的职责。第四十三条规定，生产经营单位的安全生产管理人员对检查中发现的安全问题应当立即处理；不能处理的，应当及时报告本单位有关负责人，有关负责人应当及时处理。检查及处理情况应当如实记录在案。

第五节　电力行业安全生产概述

一、电力企业生产的主要特征

电力生产是指把各种一次能源，包括化石燃料（如煤炭、石油和天然气等）、可再生能源（如水能、风能、太阳能、潮汐能、地热能和生物质能等）及核能转换成电能，并输送和分配到电力用户。从事电能生产、传输和销售的行业称为电力工业。电力工业是能源工业的重要组成部分，是发展国民经济的基础产业，是现代社会必不可少的公用事业。电力工业的根本任务是向各种电力用户提供充足、可靠、合格、价格合理的电能和优质服务。电力工业在国民经济和社会发展中之所以起着如此重要的作用，是由于电力生产具有以下特点：一是电力生产可以把各种一次能源转换为便于输送和分配的电能，如水能、核能和风能等；二是电能可以方便地转换成机械能、热能、光能和化学能等多种其他形式的能；三是电能是最清洁及能够最精确地定时、定点、定量加以利用的能源。

现代电力系统是指进行电能生产、变换、输送、分配和消费的各种电气设备按照一定的技术指标和经济要求组成的动态复杂网络的大系统。能源和经济的不平衡发展促进了现代电力系统的跨区域互联发展，同时使得现代电力系统具备超大容量机组、超高压甚至特高压输电电压等级、远距离输电、大规模交直流互联、极高自动化水平等运行特征。现代电力系统由许多发电厂、输电线路、变配电设施和用电设备组成电力网，相互牵连、相互制约地联合运行，构成一个十分庞大、复杂的电力生产、流通、分配、消费过程。在这个动态过程中，发电、供电、用电同时进行，电力的生产、输送、使用一次性同时完成并随时保持平衡。

二、电力行业涉及的主要工种

目前，电力生产的劳动环境呈现以下几个特点：一是电气设备多，包括高压和低压电气设备；二是高温、高压电气设备多，如火力发电厂的锅炉、汽轮机、压力容器等；三是易燃、易爆与有毒物质多，如火电厂的燃煤、燃油、强酸、液氯、氢气及核电厂的核燃料铀等；四是高速旋转机械多，如汽轮发电机、风机、电动机等；五是特种作业多，如带电作业、高处作业、焊接作业、起重作业等。这些特点表明，电力生产的劳动条件和环境相当复杂，存在许多不安全因素。考虑到电力生产的劳动环境相当复杂，根据电力生产的环节，目前电力行业包括的主要工种有输煤值班员、燃料集控值班员、输煤机械检修工、电厂水化验员、油务员、锅炉运行值班员、锅炉本体检修工、锅炉辅机检修工、汽轮机运行值班员、汽轮机本体检修工、汽轮机调速系统检修工、厂用电值班员、电气值班员、集控值班员、电机检修工、热工仪表检修工、热工自动装置检修工、热工程控保护工、高压线路带电检修工、送电线路工、配电线路工、电力电缆工、内线安装工、变电站值班员、变压器检修工、变电检修工、变电带电检修工、电气试验工、电测仪表工、继电保护工、电力负荷控制员、装表接电工、锅炉钢架安装工、锅炉辅机安装工、汽轮机本体安装工、汽轮机调速安装工、汽轮机辅机安装工、电厂管道安装工、热工仪表及控制装置安装工、热工仪表及控制装置试验工、高压电气安装工、二次线安装工、厂用电安装工、电缆安装工、送电线路架设工、变电一次安装工、变电二次安装工、电网调度自动化厂站端调试检修员、电力调度员、电网调度自动化维护员等。

三、电力行业易出现的主要事故

电力安全事故是指电力生产或者电网运行过程中发生的影响电力系统安全稳定运行或者影响电力正常供应的事故（包括热电厂发生的影响热力正常供应的事故）。电力生产必须重点防止恶性事故和频发性事故，这类事故主要包括人身伤亡事故、交通事故、火灾事故、电气误操作事故、锅炉尾部再次燃烧事故、锅炉灭火及炉膛爆炸事故、制粉系统爆炸和粉尘爆炸事故、锅炉汽包满水和缺水事故、锅炉"四管"泄漏运行、汽轮机超速和轴系断裂事故、汽轮机大轴弯曲轴瓦烧损事故、DCS系统故障、继电保护事故、系统稳定破坏事故、大型变压器损坏和互感器爆炸事故、开关设备事故、接地网事故、污闪事故、全厂停电事故、枢纽变电站全停事故、直流系统事故、倒杆塔和断线事故、垮坝和水淹厂房及厂房坍塌事故、重大环境污染事故等。电力安全事故发生后，电力企业和其他有关单位应当按照规定及时、准确报告事故情况，开展应急处置工作，防止事故扩大，减轻事故损害。电力企业应当尽快恢复电力生产、电网运行和电力（热力）正常供应。

第一章思考题

1. 什么是安全？
2. 2014 年新《安全生产法》中规定的安全生产的方针是什么？
3. 安全生产的法律法规有哪些？
4. 从业人员安全生产的基本权利包括哪些？
5. 电力行业易出现的主要事故有哪些？

第二章 电力安全生产基本知识

第一节 作业现场的基本知识

一、作业现场的基本条件

电力安全生产明确要求"预防为主"，实际上是要求作业现场在具备基本的条件后方可允许职工作业。作业现场的基本条件包括以下几点：

1. 作业现场的生产条件和安全设施等应符合有关标准、规范的要求，工作人员的劳动防护用品应合格、齐备。

2. 经常有人工作的场所及施工车辆上宜配备急救箱，存放急救用品，并应指定专人经常检查、补充或更换。

3. 现场使用的安全用具应合格并符合有关要求。

4. 各类作业人员应被告知其作业现场和工作岗位存在的危险因素、防范措施及事故紧急处理措施。

二、作业人员的基本条件

任何行业从业人员必须达到基本条件，电力行业从业人员也是如此。根据电力行业的特点和电力安全生产的实际情况，电力行业作业人员的基本条件包括以下几个方面：

1. 经医师鉴定，无妨碍工作的病症（体格检查每两年至少一次）。

2. 具备必要的电气知识和业务技能，达到符合工作场所的要求，且按工作性质，熟悉《电力安全工作规程》的相关部分，并经考试合格。

3. 具备必要的安全生产知识，学会紧急救护法，特别要学会触电急救。

4. 特种作业人员必须按照国家有关规定，经专门的安全作业培训并取得特种作业操作资格证书。

5. 作业人员对安全工作规程应每年考试一次。因故间断电气工作连续三个月以上者，应重新学习安全工作规程，并经考试合格后方能恢复工作。

6. 新参加电气工作的人员、实习人员和临时参加劳动的人员（管理人员、临时工等），应经过安全知识教育后，方可下现场参加指定的工作，并且不得单独工作。

7. 外单位或外来人员承担或参与企业电气工作的工作人员应熟悉安全工作规程，并经考试合格后方可参加工作。工作前，设备运行管理单位应告知现场电气设备接线情况、危险点和安全注意事项。

三、现场电气设备的分类

电气设备的分类有多种，生产人员只有了解电气设备的相关分类情况，才能按照安全生产的要求进行安全工作。从电力生产情况、电压等级、运行状态等因素出发，电气设备有以下三种分类方法：

1. 按电力生产情况分类

（1）一次设备

直接生产、输送、分配和使用电能的设备，特点是高电压、大电流，主要包括以下设备：

1）生产和转换电能的设备：发电机、变压器、电动机。

2）接通和断开电路的开关设备：断路器、负荷开关、隔离开关、接触器、熔断器、磁力启动器。

3）保护电器：电抗器、电容器、避雷器。

4）载流导线：软、硬导线，电力电缆。

5）测量互感器：电流互感器、电压互感器。

6）接地装置。

（2）二次设备

对一次设备和系统的运行状况进行测量、控制、保护和监察的设备，特点是低电压、小电流，主要包括以下设备：

1）测量表计：电压表、电流表、功率表、电能表。

2）继电保护和自动装置：继电器、自动装置。

3）操作电器：操作把手、按钮。

4）直流电源设备：蓄电池组、硅整流装置。

5）其他如控制回路、信号回路等。

2. 按电压等级分类

（1）高压电气设备：对地电压在 1 000 伏及以上。

（2）低压电气设备：对地电压在 1 000 伏以下。

3. 按运行状态分类

电气设备按运行状态可分为四种状态，即运行状态、热备用状态、冷备用状态、检修状态，每个运行状态具体规定如下：

（1）运行状态

运行状态即电气设备的开关、闸刀处于合闸位置，其动力、保护和控制电源均送上。

（2）热备用状态

热备用状态即电气设备的开关处于合闸位置，闸刀处于分闸位置，其动力、保护和控制电源均送上。

（3）冷备用状态

冷备用状态即电气设备的开关、闸刀处于分闸位置，其动力、保护和控制电源均断开。

（4）检修状态

检修状态即电气设备的开关、闸刀处于分闸位置，其动力、保护和控制电源均断开，并设置有完善的安全措施。

第二节　高 处 作 业

一、高处作业的定义

国家标准《高处作业分级》（GB/T 3608—2008）规定："凡在坠落高度基准面 2 米以上（含 2 米）有可能坠落的高处进行的作业，都称为高处作业。"其含义有两个：一是相对概念，可能坠落的底面高度大于或等于 2 米，也就是说不论在单层、多层或高层建筑物作业，即使是在平地，只要作业处的侧面有可能导致人员坠落的坑、井、洞或空间，其高度达到 2 米及以上，就属于高处作业；二是高低差距标准定为 2 米，因为一般情况下，当人在 2 米以上的高度坠落时，就很可能会造成重伤、残废甚至死亡。因此，对高处作业的安全技术措施在工程开工以前就须特别注意以下事项：

1. 技术措施及所需料具要完整地列入施工计划。
2. 进行技术教育和现场技术交底。
3. 所有安全标志、工具和设备等在施工前要逐一检查。
4. 做好对高处作业人员的培训考核等。

二、高处作业的级别

高处作业的级别可分为四级，即高处作业在 2 ~ 5 米时，为一级高处作业；在 5 ~ 15 米时，为二级高处作业；在 15 ~ 30 米时，为三级高空作业；在大于 30 米时，为特级高处作业。高处作业又分为一般高处作业和特殊高处作业，其中特殊高处作业又分为以下八类：

1. 在阵风的风力六级（风速为 10.8 米每秒）以上的情况下进行的高处作业，称为强风高处作业。
2. 在高温或低温环境下进行的高处作业，称为异温高处作业。
3. 降雪时进行的高处作业，称为雪天高处作业。
4. 降雨时进行的高处作业，称为雨天高处作业。
5. 室外完全采用人工照明时进行的高处作业，称为夜间高处作业。
6. 在接近或接触带电体条件下进行的高处作业，称为带电高处作业。
7. 在无立足点或无牢靠立足点的条件下进行的高处作业，称为悬空作业。
8. 对突然发生的各种灾害事故进行抢救的高处作业，称为抢救高处作业。

一般高处作业是指除特殊高处作业以外的高处作业。

三、高处作业的标记

高处作业的分级以级别、类别和种类做标记，写明级别和种类；特殊高处作业做标记时，写明级别和类别，种类可省略不写。例如，三级，一般高处作业；一级，强风高处作业；二级，异温高处作业。

四、高处作业时的安全防护技术措施

1. 凡是进行高处作业施工的，应使用脚手架、平台、梯子、防护围栏、挡脚板、安全带和安全网等。作业前应认真检查所用的安全设施是否牢固、可靠。

2. 凡从事高处作业人员应接受高处作业安全知识教育；特殊高处作业人员应持证上岗，上岗前应依据有关规定进行专门的安全技术交底。采用新工艺、新技术、新材料和新设备的，应按规定对作业人员进行相关安全技术教育。

3. 施工单位应为作业人员提供合格的安全帽、安全带等必备的个人安全防护用具，作业人员应按规定正确佩戴和使用。

4. 施工单位应按类别，有针对性地将各类安全警示标志悬挂于施工现场各相应部位，夜间应设红灯示警。

5. 高处作业所用的工具、材料严禁投掷，上下立体交叉作业确有需要时，中间须设隔离设施。

6. 高处作业应设置可靠扶梯，作业人员应沿着扶梯上下，不得沿着立杆与栏杆攀登。

7. 在风雪天应采取防滑措施，当风速在10.8米每秒以上和雷电、暴雨、大雾等气候条件下，不得进行露天高处作业。

8. 应设置联系信号和通信装置，并指定专人负责。

9. 高处作业时，工程项目部应组织有关部门对安全防护设施进行验收，经验收合格签字后方可作业。需要临时拆除或变动安全设施的，应经项目技术负责人审批签字，并组织有关部门审核批准后方可进行。

五、高处作业时的注意事项

1. 发现安全措施有隐患时，立即采取措施，消除隐患，必要

时停止作业。

2. 遇到各种恶劣天气时，必须对各类安全设施进行检查、校正、修理，使之完善。

3. 现场的冰、霜、水、雪等均须清除。

4. 搭拆防护棚和安全设施需设警戒区，有专人防护。

六、高处作业的安全规定

1. 进入现场，必须戴好安全帽，扣好帽带，并正确使用个人劳动防护用具。

2. 悬空作业处应有牢靠的立足处，并必须视具体情况配置防护网、栏杆或其他安全设施。

3. 悬空作业所用的索具、脚手板、吊篮、吊笼、平台等设备，均须经过技术鉴定或检证方可使用。

4. 建筑施工进行高处作业之前，应进行安全防护设施的逐项检查和验收。验收合格后方可进行高处作业。验收也可分层进行，或分阶段进行。

5. 安全防护设施应由单位工程负责人验收，并组织有关人员参加。

6. 安全防护设施的验收应具备下列资料：

（1）施工组织设计及有关验算数据。

（2）安全防护设施验收记录。

（3）安全防护设施变更记录及签证。

7. 安全防护设施的验收主要包括以下内容：

（1）所有临边、洞口等各类技术措施的设置状况。

（2）技术措施所用的配件、材料和工具的规格及材质。

（3）技术措施的节点构造及其与建筑物的固定情况。

（4）扣件和连接件的紧固程序。

（5）安全防护设施的用品及设备的性能与质量是否合格的验证。

8. 安全防护设施的验收应按类别逐项查验，并进行验收记录。凡不符合规定者，必须修整合格后再行查验。施工工期内还应定期进行抽查。

第三节　倒闸操作

电气设备分为运行、热备用、冷备用、检修四种状态。将设备由一种状态转变为另一种状态的过程叫作倒闸，此过程中所有进行的操作叫作倒闸操作。倒闸操作可以通过就地操作、遥控操作、程序操作完成。倒闸操作可分为监护操作、单人操作、检修人员操作。

倒闸操作的主要内容：拉开或合上某些断路器或隔离开关，拉开或合上接地隔离开关（拆除或挂上接地线），取下或装上某些控制、合闸及电压互感器的熔断器，停用或加用某些继电保护和自动装置及改变定值，改变变压器、消弧线圈组分接头及检查设备绝缘等。

倒闸操作必须执行操作票制和工作监护制。其操作目的是设备检修、事故和异常（缺陷）处理、系统方式调整。

倒闸操作是一项复杂而重要的工作，操作正确与否直接关系操作人员的安全和设备的正常运行。若发生误操作事故，其后果是极其严重的。因此，电气运行人员一定要树立"精心操作，安全第一"的思想，严肃认真地对待每次操作。

一、倒闸操作一般原则

1. 电气设备投入运行前，应先将继电保护装置投入运行。没有继电保护装置的设备不允许投入运行。

2. 拉、合隔离开关及合小车断路器之前，必须检查确认相应断路器在断开位置（倒母线除外）。因隔离开关没有灭弧装置，当拉、合隔离开关时，若断路器在合闸位置，将会造成带负荷拉、合隔离开关，从而引起短路事故。而倒母线时，母线断路器必须在合闸位置，其操作、动力熔断器应取下，以防止在切换过程中因母联断路器跳闸引起母线隔离开关带负荷拉、合闸。

3. 停电拉闸操作必须严格按照断路器、负荷侧隔离开关、母线侧隔离开关的顺序依次操作，送电合闸操作应按上述相反的顺序进行，严防带负荷拉、合隔离开关。

4. 拉、合隔离开关后，必须就地检查刀口的开度及接触情况，检查隔离开关位置指示器及重动继电器的转换情况。

5. 在倒闸操作过程中，若发现带负荷误拉、合隔离开关，则误拉的隔离开关不得再合上，误合的隔离开关不得再拉开。

6. 油断路器不允许带工作电压手动分、合闸（对于弹簧机构断路器，当弹簧储能已储备好时，可带工作电压手动合闸）。带工作电压用机械手动分、合油断路器时，因手力不足，会形成断路器慢分、慢合，容易引起断路器爆炸事故。

7. 操作中发生疑问时应立即停止操作，并将疑问汇报给发令人或值班负责人，待情况弄清楚后再继续操作。

二、倒闸操作注意事项

1. 倒闸操作时，不允许将设备的电气和机械防误操作闭锁装置解除，特殊情况下如需解除必须经值班长（或值班负责人）同意。

2. 操作时应戴绝缘手套和穿绝缘靴。

3. 雷电天气禁止倒闸操作。雨天操作室外高压设备时，绝缘棒应有防雨罩。

4. 装、卸高压熔断器时应戴防护目镜和绝缘手套，必要时使用绝缘夹钳，并站在绝缘垫或绝缘台上。

5. 装设接地线（或合接地开关）前应先验电，后装设接地线（或合接地开关）。

6. 电气设备停电后，即使是事故停电，在未拉开有关隔离开关和做好安全措施前，不得触及设备或进入遮栏内，以防突然来电。

第四节　操　作　票

操作票是操作人员进行操作而使用的程序执行票。操作票又称倒闸操作票，就是将电气设备从一种状态转到另一种状态的过程顺序写成操作票，操作设备时要严格按照操作票的顺序进行。

一、变电站倒闸操作票的填写

1. 操作任务的填写要求

（1）操作票中对操作任务的要求

操作任务应根据调度指令的内容和专用术语进行填写，操作任务要填写被操作电气设备变电站名称，变电站名称要写全称。操作任务应填写设备双重名称。每张操作票只能填写一个操作任务。一项连续操作任务不得拆分成若干单项任务而进行单项操作。

（2）操作任务的填写类别

包括线路、断路器、变压器、母线、电压互感器（TV）、电容器、继电保护及自动装置、接地线、接地开关等操作任务的填写。

2. 操作项目的填写要求

（1）应填入操作票操作项目栏中的项目按标准及相应的要求填写。

（2）下列各项工作可以不用操作票

下列情况可以不填写操作票进行倒闸操作，但必须记录在操作记录簿内，由值班负责人明确指定监护人、操作人，按照操作记录簿记录的内容进行操作。

1）事故处理中遇到的操作，通常有试运行、强送、限电、拉闸限电和开放负荷等。

2）拉开（合上）断路器、二次低压断路器、二次回路开关的单一操作，包括根据调度命令进行的限电和限电后的送电及寻找线路接地故障的操作。

3）拆除全站仅装有的一组使用的接地线。

4）拉开全站仅有一组已合上的接地开关。

5）投入或停用一套保护或自动装置的一块连接片。

（3）操作项目的填写类别

包括断路器、隔离开关、变压器、电压互感器、母线、电容器、继电保护及自动装置、接地线（接地开关）等。

3. 备注栏的填写要求

下列项目应填入操作票备注栏中：

（1）断路器的操作

1）无防止误拉、误合断路器的措施。

2）防止双电源线路误并列、误解列的提示等。

（2）隔离开关的操作

1）隔离开关闭锁装置达不到防误闭锁功能的。

2）电动隔离开关的操作。电动隔离开关操作前，先合上电动操作电源刀开关，电动隔离开关操作完毕应立即拉开电动操作电源刀开关。

（3）验电及装设接地线

1）室外电气设备装设接地线时要注意防止接地线误碰带电设备。

2）断路器柜内装设接地线时要注意防止接地线误碰带电设备。

3）防止误入带电间隔。

（4）继电保护、自动装置及二次部分操作

1）微机保护及微机自动装置。带微机保护的一次设备停电时，拉开一次设备的控制电源开关前，应先将微机保护或微机自动装置的电源开关断开；一次设备送电时操作程序相反。

2）测量断路器跳闸连接片电压。一次电气设备在运行中，保护发生异常停电及检修后，重新投入跳闸连接片前要用高内阻电压表测量连接片输入端对地有无电压。

3）凡在操作中有可能导致继电保护、自动装置误动作的行为都应在备注栏中注明。

4. 变电站倒闸操作票其他栏目的填写要求

（1）操作票的编写

由电力企业统一编号，使用单位应按编号顺序依次使用，对于变电站倒闸操作票的编号不能随意改动。

（2）发令与受令

1）调度值班员向运行值班负责人发布正式的操作指令后，由运行值班负责人将发令人和受令人的姓名填入变电站倒闸操作票"发令人"栏和"受令人"栏中。

2）由运行值班负责人将发令人发布正式操作指令的时间填入"发布时间"栏内。

（3）操作时间的填写

1）操作开始时间：执行倒闸操作项目第一项的时间。

2）操作结束时间：完成倒闸操作项目最后一项的时间。

（4）倒闸操作的分类

1）监护下操作栏：对于由两人进行同一项的操作，在此栏内打"√"。监护操作时，由其中对设备较为熟悉者做监护。

2）单人操作栏：由一人完成的操作，在此栏内打"√"。

3）检修人员操作栏：由检修人员完成的操作，在此栏内打"√"。

（5）操作票签名

1）操作人和监护人经模拟操作确认操作票无误后，由操作人、监护人分别在操作票上签名。

2）操作人、监护人分别签名后交运行值班负责人审查，无误后由运行值班负责人在操作票上签名。

（6）操作票打"√"

1）监护人在操作人完成此项操作并确认无误后，在该操作项目前打"√"。

2）对于检查项目，监护人唱票后，操作人应认真检查，确认无误后再高声复诵，监护人同时进行检查，确认无误并听到操作人复诵后，在该项目前打"√"。

（7）操作票终止号

1）按照倒闸操作顺序依次填写完倒闸操作票后，在最后一项操作内容的下一空格中间位置记下终止号。

2）如果最后一项操作内容下面没有空格，终止号可记在最后一项操作内容的末尾处。

（8）操作票盖章

1）操作票项目全部结束，由操作人在已执行操作票的终止号上盖"已执行"章。

2）合格的操作票全部未执行，由操作人在操作任务栏中盖"未执行"章，并在备注栏中注明原因。

3）若监护人、操作人操作中发现问题，应及时告知运行值班负责人，运行值班负责人汇报给值班调度员后停止操作。该操作票不得继续使用，并在已操作完项目的最后一项盖"已执行"章，在备注栏注明"本操作票有错误，自××项起不执行"。

4）填写错误以及审核发现有错误的操作票时，由操作人在操作任务栏中盖"作废"章。

二、电力线路倒闸操作票的填写

1. 操作任务的填写要求

（1）电力线路倒闸操作票中对操作任务的要求

操作任务应根据电力线路倒闸操作命令发布人发布的操作命令内容和专用术语进行填写。

（2）操作任务中设备的状态

包括运行状态、热备用状态、冷备用状态和检修状态。

（3）操作任务的填写类别

包括电力线路、电力线路断路器、电力线路隔离开关、开关站、配电变压器、接地线等操作任务的填写。

2. 操作项目的填写要求

（1）应填入操作票操作项目栏中的项目

1）应拉开、合上的配电网中断路器、隔离开关、跌落式熔断器、配电变压器室二次侧开关、刀开关。

2）检修后的设备送电前，检查与该设备有关的断路器、隔离开关、跌落式熔断器确在拉开位置。

3）装设接地线前，应在停电设备上进行验电。装、拆接地线均应注明接地线的确切地点和编号。

（2）可以不填写操作票的项目

事故处理应根据调度值班员的命令进行操作，可不填写操作票，但事后必须及时做好记录。

（3）操作项目的填写类别

包括电力线路断路器、电力线路隔离开关、跌落式熔断器、开关站、接地线等的填写。

3. 备注栏的填写要求

（1）断路器的操作

1）防止电源线路误并列、误解列的提示。

2）配电网环网断路器的拉开（合上）操作必须经过调度指令方可执行。

（2）隔离开关的操作

1）配电线路支线隔离开关操作前必须检查支线所带全部配电变压器一次侧跌落式熔断器全部断开，在配电线路支线上没有负荷，且配电变压器与配电线路支线有明显断开点，方可拉开（合上）支线隔离开关。

2）隔离开关操作完毕必须将其闭锁装置锁住。

（3）跌落式熔断器的操作

对下列内容如果有必要强调时应在备注栏内注明：

1）分相拉开跌落式熔断器时，要先拉开中相跌落式熔断器，再拉开边相跌落式熔断器。

2）分相合上跌落式熔断器时，要先合上边相跌落式熔断器，再合上中相跌落式熔断器。

（4）验电

1）必须对电力线路三相逐一验电，确认无电压。

2）当验明电力线路确无电压后，对检修的电力线路接地并三相短路。

（5）接地线

1）装设接地线必须先接接地端，后接导体端，且必须接触良好，严禁用缠绕方式接地。

2）装设接地线时，工作人员应使用绝缘棒或戴绝缘手套，人体不得碰触接地体。

3）操作人在装设接地线时，监护人严禁帮助操作人拉、拽接地线，以免影响监护操作。

在电力线路倒闸操作中出现问题、因故中断操作及填好的操作票没有执行等情况都应在备注栏中注明。

4. 电力线路倒闸操作票其他栏目的填写要求

（1）操作票的编号

电力线路倒闸操作票的编号由各单位统一编号，使用时应按编号顺序依次使用，对于电力线路倒闸操作票的编号不能随意改动。

（2）操作票的单位

电力线路倒闸操作票的单位处应填入操作人、监护人所在的单位，单位名称要写全称。

（3）发令与受令

1）配电网调度值班员向配电运行人员发布正式的操作命令，由配电运行人员将发令人和受令人的姓名填入电力线路倒闸操作票"发令人"栏和"受令人"栏中。

2）由配电运行人员将发令人发布正式操作指令的时间填入"发布时间"栏内。

（4）操作时间的填写

操作开始时间：执行电力线路倒闸操作项目第一项的时间。

操作结束时间：完成电力线路倒闸操作项目最后一项的时间。

（5）操作票签名

电力线路倒闸操作前，操作人和监护人应对电力线路倒闸操作票进行认真审核，并确认操作票无误后，由操作人、监护人分别在操作票上签名。

（6）操作票打"√"

监护人在操作人完成此项操作并确认无误后，在该操作项目前打"√"。

（7）操作票终止号

电力线路倒闸操作票按照倒闸操作顺序依次填写完毕，在最后一项操作内容的下一空格中间位置记下终止号。

（8）操作票盖章

1）电力线路倒闸操作票项目全部结束，操作人在已执行电力线路倒闸操作票的终止号上盖"已执行"章。

2）合格的操作票全部未执行，由操作人在操作任务栏中盖"未执行"章，并在电力线路倒闸操作票备注栏中注明原因。

3）若监护人、操作人操作中发现问题，应及时向配电网调度值班员和配电工区值班员报告，绝对不允许擅自更改操作票，该操作票不得继续使用，并在已操作完项目的最后一项盖"已执行"章，在电力线路倒闸操作票备注栏注明"本操作票有错误，自××项起不执行"。对多张操作票，应从第二张操作票起在每张操作票的操作任务栏中盖上"作废"章，然后重新填写操作票再继续操作。

三、倒闸操作票的填写实例

10 千伏长江支线长江配电变压器室 1 号配电变压器由检修转为运行倒闸操作票实例。

变电站（发电厂）倒闸操作票

单位＿＿＿＿＿＿＿＿　　　　　　　编号＿＿＿＿＿

发令人		受令人		发令时间	年　月　日　时
操作开始时间：　　　年　月　日　时				操作结束时间：　　　年　月　日　时	
（　）监护下操作（　）单人操作（　）检修人员操作					
操作任务：　10 千伏长江支线长江配电变压器室 1 号配电变压器由检修转为运行					
顺序	操作项目				
1	检查 10 千伏长江支线长江配电变压器室 1 号配电变压器位置正确				√
2	拆除 1 号配电变压器 10 千伏跌落式熔断器与 1 号配电变压器间 1 号接地线				√

续表

顺序	操作项目	√
3	检查 1 号配电变压器 10 千伏跌落式熔断器与 1 号配电变压器间 1 号接地线确已拆除	√
4	检查 1 号配电变压器 10 千伏跌落式熔断器与 1 号配电变压器间确无接地短路	√
5	检查 1 号配电变压器 1—1 刀开关确已拉开	√
6	合上 1 号配电变压器 10 千伏 C 相跌落式熔断器	√
7	检查 1 号配电变压器 10 千伏 C 相跌落式熔断器确已合好	√
8	合上 1 号配电变压器 10 千伏 A 相跌落式熔断器	√
9	检查 1 号配电变压器 10 千伏 A 相跌落式熔断器确已合好	√
10	合上 1 号配电变压器 10 千伏 B 相跌落式熔断器	√
11	检查 1 号配电变压器 10 千伏 B 相跌落式熔断器确已合好	√
12	终止号	√
备注：		

操作人：张×× 　监护人：周×× 　值班负责人（值长）：吴××

第五节　工　作　票

一、工作票的定义

工作票是指将需要检修或试验的设备、工作内容、工作人员、安全措施等填写在具有固定格式的书面上，以作为进行工作的书面依据，这种印有电气工作固定格式的书页称为工作票。

二、工作票的内容和方式

工作票的内容包括工作票编号、工作负责人、工作班成员、工作地点和工作内容，计划工作时间、工作终结时间，停电范围、安全措施，工作许可人、工作票签发人、工作票审批人、送电后评语等。

执行工作票有两种方式，即填写工作票和执行口头或电话命令。

三、工作票的填写

工作票由发布工作命令的人员填写，一式两份。一般在开工前一天交到运行值班处，并通知施工负责人。

一个工作班在同一时间内只能布置一项工作任务，发给一张工作票。工作范围以一个电气连接部分为限。电气连接部分是指接向汇流母线并安装在某一配电装置室、开关场地、变压器室范围内，连接在同一电气回路中设备的总称，包括断路器、隔离开关、电压互感器和电流互感器等。若几项任务需要交给同一工作班执行时，为防止将工作的时间、地点和安全措施搞错而造成事故，只能先布置其中的一个任务，发给工作负责人一张工作票。待任务完成将工作票收回后，再布置第二个任务及发给第二张工作票。值班人员接到工作票后，要审查工作票上所提出的安全措施是否完备。发现有错误或疑问时，应向签发人提出。施工负责人在接受工作任务后，应组织有关人员研究所提出的任务和安全措施并按照任务要求在开工前做好必要的准备工作。

1. 第一种工作票填写的几项具体要求

（1）工作许可人填写安全措施，不允许写"同左"的字样。

（2）应装设的地线要写明装设的确实地点，已装设的地线要写明确实地点和地线编号。

（3）工作地点保留带电部分要写明工作邻近地点有触电危险的具体带电部位和带电设备名称并悬挂警告牌。

2. 在开工前，工作许可人必须按工作票"许可开始工作的命令"栏内的要求把许可的时间、许可人及通知方式等认真地填写清楚。工作终结后，工作负责人必须按"工作终结的报告"栏内规定的内容逐项认真填写，严格履行工作票终结手续。

3. 工作票的填写内容必须符合部颁安全工作规程的规定，工作票由所统一编号，按顺序使用。填写时要做到字迹工整、清楚、正确。如有个别错、漏字需要修改时，必须保持清晰并在该处盖章。执行后的工作票要妥善保管，至少保存三个月，以备检查。

四、工作票制度

工作票制度是指电气设备上进行任何电气作业都必须填写工作票，并依据工作票布置安全措施及办理开工、终结手续。

具体制度如下：

1. 一切运行中的电气设备上的工作均应按《电业安全工作规程》的规定使用工作票，或按口头、电话命令执行，除事故的检修外，严禁不使用工作票在运行中的电气设备上工作。

2. 工作票必须使用统一格式，用钢笔或圆珠笔填写，一式两份，确保正确、清楚，不得任意涂改，如有个别错、漏字需要修改也应字迹清楚并在该处盖章。

3. 工作票签发人和工作许可人不得兼任工作负责人，工作负责人可以填写工作票，工作许可人不得签发工作票。

4. 一个工作负责人不能同时接收两张工作票，只有完成一张工作票的任务后，并办理了工作终结手续，方可接收另一张工作票。

5. 两张工作票中，一张由工作许可人收执，另一张由工作负责人收执；已执行的工作票，一张存变（配）电室备查，另一张由部门负责人保存；线路工作票，一张存工作票签发人处备查，另一张由部门负责人收执；已执行的工作票由工作票签发人交值班负责人保存备查。

6. 变（配）电室一张工作票上所列工作地点以一个电气转换部分为限，但安全措施一次做完的下列情况允许几个电气连接部分共用一张工作票。

（1）连接于同一母线上的几个电气连接部分，同时停送电者（但需在备注栏内办理工作转移手续）。

（2）一台主变压器停电检修时，其各侧开关也配合检修，且同时停送电者。

（3）一个配电装置全部停电时，所有不同地点、不同类型的工作。

（4）一个配电装置虽未全部停电，但只有个别引入线带电，并对带电部分采取了可靠的安全隔离措施者。

（5）在几个电气连接部分上，集中进行不停电的同一类工作，可以发给一张第二种工作票。

7. 线路第一种工作票每张只能用于一条线路或一个工作地段，下列情况可以发给一张第二种工作票：

（1）一条线路同时停、送电几条线路。

（2）与停电检修线路交叉，邻近的另几回线路，同时停送电者。

（3）一个工作班在同一天内对同一电压等级，在不同的几条线路上的多处配电变压器上进行同一类工作，配电线路无须停电。

（4）第二种工作票：对同一电压等级、同类型工作，可在数条线路上共用一张工作票，第二种工作票的工作不需要履行工作许可手续，但工作前应与调度联系，工作结束后应通知调度（部门负责人）。

8. 非电气工作人员在变（配）电室工作应有专人监护。

9. 工作票保存一年。

10. 工作票的评价与考核：

（1）值班负责人和部门负责人每季度对工作票进行抽查、审核、评价、统计合格率，并纳入考核。

（2）工作票存在下列问题之一者为不合格：

1）按规定应用工作票而未填写者（称无票工作）。

2）工作项目不清，票面涂改三处以上者。

3）现场所列安全措施不完善，字迹潦草、模糊不清者。

五、工作票工作班组成员的安全责任

1. 工作票签发人

（1）工作必要性和安全性。

（2）工作票上所填安全措施是否正确、完备。

（3）所派工作负责人和工作班人员是否适当和充足。

2．工作负责人（监护人）

（1）正确、安全地组织工作。

（2）负责检查工作票所列安全措施是否正确、完备，是否符合现场实际条件，必要时予以补充。

（3）工作前对工作班成员进行危险点告知，交代安全措施和技术措施，并确认每一个工作班成员都已知晓。

（4）严格执行工作票所列安全措施。

（5）督促、监护工作班成员遵守本规程、正确使用劳动防护用品和执行现场安全措施。

（6）工作班成员精神状态是否良好，变动是否合适。

3．工作许可人

（1）负责审查工作票所列安全措施是否正确、完备，是否符合现场条件。

（2）工作现场布置的安全措施是否完善，必要时予以补充。

（3）负责检查检修设备时有无突然来电的危险。

（4）对工作票所列内容即使存在很小的疑问，也应向工作票签发人询问清楚，必要时应要求做详细补充。

4．专责监护人

（1）明确被监护人员和监护范围。

（2）工作前对被监护人员交代安全措施，告知危险点和安全注意事项。

（3）监督被监护人员遵守本规程和现场安全措施，及时纠正不安全行为。

5．工作班成员

（1）熟悉工作内容、工作流程，掌握安全措施，明确工作中的危险点，并履行确认手续。

（2）严格遵守安全规章制度、技术规程和劳动纪律，对自己在工作中的行为负责，互相关心，安全工作，并监督本规程的执行和现场安全措施的实施。

（3）正确使用安全工具、器具和劳动防护用品。

六、工作票的填写实例

变电站（发电厂）第一种工作票

工作单位 ＿＿＿＿＿＿＿＿＿　　　　编号 2014—03—21— I —04

1. 工作负责人（监护人）＿＿＿＿　　班组　　电气运行班 4 组

2. 工作班人员（不包括工作负责人）

黄××、杨××、吴××、郭××、彭××、刘××

共　6　人。

3. 工作的变（配）电站名称及设备双重名称

110 千伏光明变电站＿＿＿＿＿＿＿＿＿＿＿＿＿＿＿＿＿＿＿＿＿＿

4. 工作任务

工作地点或地段	工作内容
110 千伏温光线 1251 刀闸	更换

5. 计划工作时间

自 2014 年 3 月 21 日 9 时 30 分

至 2014 年 3 月 21 日 15 时 30 分

6. 安全措施（必要时可附页绘图说明）

应拉开的断路器（开关）、隔离开关（刀闸）	已执行
拉开 125 开关	已执行
拉开 1251、1252、1253、1301、1021、1271、1018 刀闸	已执行
应装接地线、合接地刀闸（注明确实地点、名称及接地线编号＊）	已执行
在 125 开关至 1251 刀闸之间靠开关侧装设接地线一组（01）	已执行
合上 110 千伏 I 母 1010 接地刀闸	已执行
应设遮拦、挂标志牌及采取防止二次回路误碰等措施	已执行
在 1251 刀闸四周装设遮拦，在遮拦上朝内悬挂"止步，高压危险！"标志牌并设有唯一通道，在通道口悬挂"从此进出！"标志牌	已执行
在 125 开关及 1251、1252、1253、1301、1021、1271、1018 刀闸操作把手上悬挂"禁止合闸，有人工作"标志牌	已执行
在 1251 刀闸上悬挂"在此工作！"标志牌	已执行
在 1 号爬梯入口处悬挂"从此上下！"标志牌	已执行
在 1251 刀闸通往相邻带电设备 1301、110 千伏 I 母 PT1018 刀闸通道处分别悬挂"止步，高压危险！"标志牌	已执行

＊已执行栏目及接地线编号由工作许可人填写。

工作地点保留带电部分或注意事项（工作票签发人填写）：	补充工作地点保留带电部分和安全措施（工作许可人填写）：
注意与110千伏带电设备保持1.5米安全距离	

工作票签发人签名 苏×× 　　　　　签发日期 2014 年 3 月 21 日 9 时 00 分

7. 收到工作票时间

　2014 年 3 月 21 日 9 时 10 分

运行值班人员签名 　　刘×× 　　　　工作负责人签名 　　　吴××

8. 确认本工作票 1～7 项

工作负责人签名 　　吴×× 　　　　　运行值班人员签名 　　　刘××

许可工作时间 　　2014 年 3 月 21 日 9 时 40 分

9. 确认工作负责人布置的任务和本施工项目安全措施

工作班组人员签名

_____

10. 工作负责人变更情况

原工作负责人＿＿＿＿＿离去，变更＿＿＿＿＿为工作负责人

工作票签发人：＿＿＿＿＿　　＿＿年＿月＿日＿时＿分

工作人员变动（变动人员姓名、变动日期及时间）：

增添人员姓名	日	时	分	工作负责人签名	离去人员姓名	日	时	分	工作负责人签名
	日	时	分			日	时	分	
	日	时	分			日	时	分	
	日	时	分			日	时	分	
	日	时	分			日	时	分	

工作负责人签名＿＿＿＿＿＿＿

11. 工作票延期

有效期延长到 　　＿＿＿年＿月＿日＿时＿分

工作负责人签名 ＿＿＿＿＿　　＿＿年＿月＿日＿时＿分

工作许可人签名 ＿＿＿＿＿　　＿＿年＿月＿日＿时＿分

12. 每日开工和收工时间（使用一天的工作票不必填写）

开工时间				工作负责人	工作许可人	收工时间				工作许可人	工作负责人
月	日	时	分			月	日	时	分		
月 日 时 分						月 日 时 分					
月 日 时 分						月 日 时 分					
月 日 时 分						月 日 时 分					
月 日 时 分						月 日 时 分					

13. 工作终结

全部工作于 2014 年 3 月 21 日 15 时 00 分结束，设备及安全措施已恢复至开工前状态，工作人员已全部撤离，材料、工具已清理完毕，工作已终结。

工作负责人签名　　吴××　　　　工作许可人签名　　刘××

14. 工作票终结

临时遮拦、标志牌已拆除，常设遮拦已恢复。未拆除或未拉开的接地线编号　　无　　等共　0　组、接地刀闸（小车）共　0　组（副、台）、绝缘隔板编号　　无　　共　0　块，已汇报调度值班员。

工作许可人签名 刘××　　　2014 年 3 月 21 日 15 时 20 分　章：

15. 备注

（1）指定专责监护人　　　　　负责监护　　　　　　　（地点及具体工作）

指定专责监护人　　　　　负责监护　　　　　　　（地点及具体工作）

指定专责监护人　　　　　负责监护　　　　　　　（地点及具体工作）

（2）其他注意事项

变电站（发电厂）第二种工作票

单位　　　　　　　　　　　　　　　　编号　　　　　　　　

1. 工作负责人（监护人）　　李××　　　　班组　　　　　　

2. 工作班人员（不包括工作负责人）：

王××、邓××、董××、周××

共　4　人。

3. 工作任务：

工作地点或地段	工作内容
10 千伏城西线 64 号杆	10 千伏城西线 64 号杆配电台区跌落式熔断器带电接三相引线工作

4. 计划工作时间：自＿＿＿年＿＿＿月＿＿＿日＿＿＿时＿＿＿＿分

　　　　　　　　　至＿＿＿年＿＿＿月＿＿＿日＿＿＿时＿＿＿分

5. 注意事项（安全措施）：

（1）＿＿＿＿＿＿＿＿＿＿＿＿＿＿＿＿＿＿＿＿＿＿＿＿＿

（2）＿＿＿＿＿＿＿＿＿＿＿＿＿＿＿＿＿＿＿＿＿＿＿＿＿

（3）＿＿＿＿＿＿＿＿＿＿＿＿＿＿＿＿＿＿＿＿＿＿＿＿＿

工作票签发人签名＿＿＿＿＿＿签发日期＿＿＿年＿＿＿月＿＿＿日＿＿＿时＿＿＿分

工作负责人签名＿＿＿＿＿＿签发日期＿＿＿年＿＿＿月＿＿＿日＿＿＿时＿＿＿分

6. 确认工作负责人布置的工作任务和安全措施

工作班人员签名：

＿＿＿＿＿＿＿＿＿＿＿＿＿＿＿＿＿＿＿＿＿＿＿＿＿＿＿＿

＿＿＿＿＿＿＿＿＿＿＿＿＿＿＿＿＿＿＿＿＿＿＿＿＿＿＿＿

＿＿＿＿＿＿＿＿＿＿＿＿＿＿＿＿＿＿＿＿＿＿＿＿＿＿＿＿

7. 工作开始时间＿＿＿＿年＿＿＿月＿＿＿日＿＿＿时＿＿＿分　工作负责人签名 韩××

工作完工时间＿＿＿＿年＿＿＿月＿＿＿日＿＿＿时＿＿＿分　工作负责人签名 韩××

8. 工作票延期：有效期延长到＿＿＿年＿＿＿月＿＿＿日＿＿＿时＿＿＿分

9. 备注：

＿＿＿＿＿＿＿＿＿＿＿＿＿＿＿＿＿＿＿＿＿＿＿＿＿＿＿＿

第六节　安全工作的组织措施

安全工作的组织措施一般包括工作票制度、工作许可制度、工作监护制度、工作间断、转移和终结以及恢复送电制度。

一、工作票制度

工作票是准许在电气设备、热力和机械设备以及电力线路上工作的书面命令书。工作票所涉及人员包括工作票签发人、工作负责人（监护人）、工作许可人、工作班成员。

1．发电厂（变电站）第一种工作票

适用于在发电厂或变电站高压电气设备上工作，需要全部或部分停电；在高压室内的二次接线和照明等回线上的工作，需要将高压设备停电或采取安全措施的工作。

2．发电厂（变电站）第二种工作票

适用于在发电厂或变电站的电气设备上带电作业和在带电设备外壳上的工作，在控制盘和低压配电盘、配电箱、电源干线上的工作；在二次接线回路上工作而无须将高压设备停电；转动中的发电机，同期调相机的励磁回路或高压电动机转子电阻回路上的工作；非当班值班人员用绝缘棒和电压互感器定相或用钳形电流表测量高压回路的电流。

3．电力线路第一种工作票

适用于在停电线路（或在双回线路中的一回停电线路）上的工作；在全部或部分停电的配电变压器高架上或配电变压器室内的工作。

4．电力线路第二种工作票

适用于在电力线路上的带电作业；在带电线路杆塔上的工作；在运行中的配电变压器台上或配电变压器室内的工作。

5．热力机械工作票。

6．一级动火票。

7．二级动火票。

二、工作许可制度

工作许可制度是指在完成安全措施后，为进一步加强工作责任感，确保工作安全所采取的一种必不可少的措施。

工作许可制度是工作许可人（当值值班电工）根据工作票的内容在采取设备停电安全技术措施后，向工作负责人发出工作许可的命令，工作负责人方可开始工作；在检修工作中，工作间断、转移以及工作终结必须由工作许可人许可，所有这些组织程序规定都叫作工作许可制度。

三、工作监护制度

工作监护制度是指检修工作负责人带领工作人员到施工现场，布置好工作后，对全班人员不断进行安全监护，以防止工作人员误走（登）到带电设备上发生触电事故，误走到危险的高空发生摔伤事故，以及错误施工造成的事故。同时，工作负责人因事离开现场必须指定临时监护人。在工作地点分散，有若干个工作小组同时进行工作，工作负责人必须指定工作小组监护人。监护人在工作中必须履行其职责，所有这种制度叫作工作监护制度。

工作监护制度是保证人身安全及操作正确的主要措施。执行工作监护制度是为了使工作人员在工作过程中有人监护、指导，以便及时纠正一切不安全的动作和错误做法，特别是在靠近有电部位及工作转移时更为重要。监护人应熟悉现场的情况，应有电气工作的实际经验，其安全技术等级应高于操作人。

四、工作间断、转移和终结以及恢复送电制度

1. 工作间断制度

工作间断制度是指在执行工作票或安全措施票期间，因故暂时停止工作，然后又复工或当日收工，次日再进行工作，即工作中间有间断以及在工作间断时所规定的一些制度。

2. 工作转移制度

工作转移制度是指修好一台设备后并转移到另一台设备上工作，都应重新检查安全技术措施有无变动或重行履行工作许可手续，为此制定的一些规定。

3. 工作终结制度

工作终结制度是指检修工作完毕，由工作负责人检查及督促全体工作人员撤离现场，对设备状况、现场清洁卫生工作及有无遗留物件等进行检查，检修人员自己采取的临时安全技术措施（如接地线等）应自行拆除，然后向工作许可人报告，并一同对工作进行验收、检

查，合格后双方在工作、安全措施票上签字。这时工作票才算终结。

4. 恢复送电制度

恢复送电制度是指必须在工作许可人接到所有工作负责人的完工报告后，并确知工作已经完毕，所有工作人员已从线路上撤离，接地线已拆除，并与记录簿核对无误后方下令拆除发电厂、变电站线路侧的安全措施，向线路恢复送电。

第七节　安全工作的技术措施

在电力线路上工作或进行电气设备检修时，为了保证工作人员的安全，一般都是在停电状态下进行。停电分为全部停电和部分停电，不管是在全部停电还是部分停电的电气设备或电力线路上工作，都必须采取停电、验电、装设接地线以及悬挂标志牌和装设遮拦四项基本措施。这是保证发电厂、变电站、电力线路工作人员安全的重要技术措施。

一、发电厂、变电站工作的安全技术措施

1. 停电

下列情况应停电：

（1）待检修的设备。

（2）与工作人员工作中正常活动范围的距离小于表2—1规定的设备。工作人员工作中正常活动范围与设备带电部分的安全距离见表2—1。

表2—1　工作人员工作中正常活动范围与设备带电部分的安全距离

电压等级（千伏）	安全距离（米）	电压等级（千伏）	安全距离（米）
10及以下（13.8）	0.35	750	8.00
20、35	0.60	1 000	9.50
63（66）、110	1.50	±50及以下	1.50
220	3.00	±500	6.80
330	4.00	±660	9.00
500	5.00	±800	10.10

（3）在44千伏以下的设备上进行工作，安全距离虽大于表2—1的规定，但小于表2—2的规定，同时又无安全遮拦设备。设备不停电时的安全距离见表2—2。

表2—2 设备不停电时的安全距离

电压等级（千伏）	安全距离（米）	电压等级（千伏）	安全距离（米）
10	0.7	750	7.2
20、35	1.0	1 000	8.7
110	1.5	±50	1.5
220	3.0	±500	6
330	4.0	±660	8.4
500	5.0	±800	9.3

（4）带电部分在工作人员后面或两侧无可靠安全措施的设备。

将检修设备停电，必须把各方面的电源完全断开（任何运行中的星形接线设备的中性点必须视为带电设备）。必须拉开电闸，使各方面至少有一个明显的断开点，与停电设备有关的变压器和电压互感器必须从高压、低压两侧断开，防止向停电检修设备反送电。禁止在只经开关断开电源的设备上工作，断开开关和刀闸的操作电源，刀闸操作把手必须锁住。

2. 验电

验电时，必须用电压等级合适而且合格的验电器。在检修设备的进线、出线两侧分别验电。验电前，应先在有电设备上进行试验，以确认验电器良好，如果在木杆、木梯或木架上验电，不接地线不能指示者，可在验电器上接地线，但必须经值班负责人许可。

高压验电必须戴绝缘手套。对于35千伏以上的电气设备，在没有专用验电器的特殊情况下，可以使用绝缘棒代替验电器，根据绝缘棒端有无火花和放电声来判断有无电压。

表示设备断开和允许进入间隔的信号、经常接入的电压表等不得作为无电压的根据。但如果指示有电，则禁止在该设备上工作。

3. 装设接地线

当验明确无电压后，应立即将检修设备接地并三相短路。这是保证工作人员在工作地点防止突然来电的可靠安全措施，同时，设备断开部分的剩余电荷也可因接地而放尽。

4. 悬挂标志牌和装设遮拦

在工作地点、施工设备及一经合闸即可送电到工作地点或施工设备的开关和刀闸的操作把手上，均应悬挂"禁止合闸，有人工作！"的标志牌。如果线路上有人工作，应在线路开关和刀闸操作把手上悬挂"禁止合闸，线路有人工作！"的标志牌。标志牌的悬挂和拆除应按调度员的命令执行。

二、电力线路上工作的安全技术措施

1. 停电

在电力线路上工作前，应做好的停电措施包括：断开发电厂、变电站（含用户）线路断路器和隔离开关；断开需要工作的线路各端断路器、隔离开关和熔断器；断开危及该线路停电作业且不能采取安全措施的交叉跨越、平行和同杆线路的断路器与隔离开关；断开有可能返回低压电源的断路器和隔离开关；要检查断开后的断路器、隔离开关是否在断开位置；断路器、隔离开关的操作机构应加锁；跌落式熔断器的熔断管应摘下；并应在断路器或隔离开关操作机构上悬挂"禁止合闸，线路有人工作！"的标志牌。

2. 验电

在停电线路工作地段装接地线前要先验电，验明线路确无电压。验电要用合格的相应电压等级的专用验电器。330千伏及以上的线路，在没有相应电压等级的专用验电器的情况下，可用合格的绝缘杆或专用的绝缘绳验电。验电时，绝缘棒的验电部分应逐渐接近导线，听其有无放电声，确定线路是否确无电压。验电时应戴绝缘手套，并有专人监护，线路的验电应逐相进行。检修联络用的断路器或隔离开关时应在其两侧验电。对同杆塔架设的多层电力线路进行验电时，先验低压，后验高压，先验下层，后验上层。

3. 挂接地线

　　线路经过验明确无电压后，应立即在工作地段两端挂接地线。凡有可能送电到停电线路的分支线也要挂接地线。若有感应电压反映在停电线路上时，应加挂接地线。在拆除接地线时，要注意防止感应电触电。

　　同杆塔架设的多层电力线路挂接地线时，应先挂低压，后挂高压，先挂下层，后挂上层。

　　挂接地线时，应先接接地端，后接导线端，接地线连接要可靠，不准缠绕，拆除接地线时程序与此相反。装、拆接地线时，工作人员应使用绝缘棒或戴绝缘手套，人体不得碰触接地线。若杆塔无接地引下线时，可采用临时接地棒，接地棒在地面下深度不得小于 0.6 米。

　　接地线应由接地导线和短路导线构成成套接地线。成套接地线必须用多股软铜线组成，其截面积不得小于 25 平方毫米。如利用铁塔接地时，允许每相个别接地，但铁塔与接地线连接部分应清除涂料，确保接触良好。严禁使用其他导线作为接地线和短路线。

第八节　一般安全措施

　　进行生产操作必须熟知一定的安全措施，具体包括以下内容：

　　1. 新参加电气工作的人员应经过安全知识教育后，方可到现场参加指定的工作，并且不得单独工作。

　　2. 生产现场作业人员应穿棉质工作服，不得穿化纤类服装。严禁穿拖鞋进入生产现场。女工禁止穿裙子、高跟鞋进入现场。

　　3. 进入生产现场应正确佩戴安全帽。

　　4. 工作票所列班组成员必须尽到安全责任。

　　5. 进入带电区域，人体与带电设备的距离不得小于表 2—1 规定的安全距离。

6. 在发生人身触电事故时，可以不经许可立即断开有关设备的电源，但事后应立即报告调度（或设备运行管理单位）和上级部门。

7. 在带电设备周围禁止使用钢卷尺、皮卷尺和线尺（夹有金属丝者）进行测量工作。

8. 在户外变电站和高压室内搬动梯子、管子等长物时，应两人放倒搬运，并与带电部分保持足够的安全距离。

9. 在变（配）电站（开关站）的带电区域内或邻近带电线路处禁止使用金属梯子。

使用单梯工作时，梯与地面的倾斜角度为 60 度。梯子不宜绑接使用。人字梯应有限制开度的措施。人在梯子上时，禁止移动梯子。

10. 遇有电气设备着火时，应立即将有关设备的电源切断，然后进行灭火。

11. 使用有金属外壳的电气工具时应戴绝缘手套。

12. 电焊机的外壳必须可靠接地。

13. 使用中的氧气瓶和乙炔瓶应竖直放置并固定起来，氧气瓶和乙炔瓶的距离不得小于 5 米，气瓶的放置地点不准靠近热源，应距明火 10 米以外。

14. 高处作业均应先搭设脚手架，使用高空作业车、升降平台或采取其他防止坠落措施。在进行高处作业时，除有关人员外，不准他人在工作地点的下面通行或逗留，工作地点下面应有围栏或装设其他保护装置，防止落物伤人。

15. 安全带和专作固定安全带的绳索在使用前应进行外观检查。安全带应定期抽检，不合格的不准使用。安全带的挂钩或绳子应挂在结实、牢固的构件上，或挂在专为挂安全带用的钢丝绳上，并应采用高挂低用的方式。禁止挂在移动或不牢固的物件上〔如隔离开关（刀闸）支持绝缘子、CVT 绝缘子、母线支柱绝缘子、避雷器支柱绝缘子等〕。

第二章思考题

1. 作业人员的基本条件是什么？
2. 高处作业的安全规定是什么？
3. 什么是倒闸操作？什么是操作票？什么是工作票？
4. 工作票工作班组成员的安全责任是什么？
5. 安全工作的组织措施和技术措施有哪些？

第三章　电力安全生产技术

第一节　发　电　安　全

电力安全生产是指电力生产过程中保证物质和人员安全、生产活动秩序井然和防止灾害的发生及发电、输电、变电和配电四个部分的正常运行而采取的各项措施和活动。

一、发电厂机组检修、维护安全

锅炉、汽机、燃机、发电机、水轮机、水泵水轮机等机组是各类发电厂发电的生产设备。一般来说，发电厂机组检修、维护安全主要涉及作业条件、风险防范等内容。

1. 作业条件

作业负责人保证工作票所列的安全措施完善。发电机能进行检修的条件是机内为合格空气，人孔已经打开并进行了充分的通风，与所有系统完全解列，拆卸的设备放在指定的安全位置。

作业组成员要了解发电机检修前的运行状况，存在的缺陷及处理方法，熟悉安全技术措施、检修项目、工艺质量标准等。开工前召开专题会对作业组成员进行安全、技术交底并在组内明确分工。

参加检修的人员进行安全教育和技术培训后达到上岗条件，着装符合要求。检修使用的专用工具、材料齐全并经检查试验合格后存放在指定地点。使用电动工具、器具必须配用漏电保护器。严禁携带检修工具以外的其他物品，如金属性物品或锋利物品等，以免损伤设备及其部件。

2. 检修及维护风险分析

（1）解体阶段的风险分析

检查二氧化碳气瓶完好、气体压力充足、气瓶储备充足且放置牢固，防止在搬运过程中倾倒。排氢前发电机内铁芯温度应不超过

40 摄氏度。排氢过程中工作现场严禁明火，排氢速度不能太快，发电机内部压力不能低于 50 千帕。在充二氧化碳时充气压力不能低于 150 千帕。

解体发电机内只能使用手电照明，在解体过程中检修人员不能穿带有金属纽扣的工作服；定子区域工作的人员须穿连体工作服，衣着整洁，不随身携带任何物品，所带物品如实登记，工作完毕认真清点核对，保证所带物品全数拿出。将转子轴向风道封闭，防止异物进入转子内部。

（2）检修阶段的风险分析

每天开工前工作负责人向作业组成员交代安全注意事项，工作结束后总结当天的安全工作情况。高空作业应使用工具袋、安全带或防坠器。对于检修前和检修后的高压试验及有关电气试验，检修人员应撤离现场，配合相关工作人员设置围栏并派专人监护。具体检修过程的注意事项如下：

1）断开发电机、励磁机、同期调相机、高压电动机及启动装置的断路器和隔离开关。待发电机和同期调相机完全停止后，在其操作把手、按钮和机组的启动装置、励磁装置、同期并车装置、盘车装置的操作把手上悬挂"禁止合闸，有人工作！"的标志牌。若机组还可从其他电源获得励磁电流，则此电源应断开。断开断路器、隔离开关的操作电源。如果调相机有启动用的电动机，还应断开此电动机的断路器和隔离开关。在励磁电源和启动所用电动机处悬挂"禁止合闸，有人工作！"的标志牌。将电压互感器从高压、低压两侧断开。

2）在发电机和断路器间或发电机定子三相引出线处验明无电压后，装设接地线。检修机组中性点与其他发电机的中性点连在一起的，工作前应将检修发电机的中性点与其他机组分开。

3）检修机组装有二氧化碳或蒸汽灭火装置的，在风道内工作前，应采取防止灭火装置误动作的必要措施。装有可以堵塞机内空气流通的自动闸板风门的，应采取措施保证风门不关闭，以防窒息。氢冷机组应关闭至氢气系统的相关阀门、加堵板等隔离措施。

转动着的发电机、同期调相机，即使未加励磁，也应认为有电压。禁止在转动着的发电机、同期调相机的回路上工作，或用手触摸高压绕组。

4）不停机进行紧急修理时，应先将励磁回路切断，投入自动灭磁装置，然后将定子引出线与中性点短路接地，在拆装短路接地线时应戴绝缘手套，穿绝缘靴或站在绝缘垫上，并戴防护眼镜。测量轴电压和工作中发电机上转子绝缘应使用专用电刷。在转动着的发电机上调整、清扫电刷及滑环时，应由有经验的电工操作，并遵守下列规定：工作人员应特别小心，避免衣服及擦拭材料被机器挂住，扣紧袖口，发辫应放在帽内；工作时站在绝缘垫上，不得同时接触两极或一极与接地部分，也不能两人同时进行工作。发电机进行内部检修时严格执行检修工艺规程和发电机检修管理制度。在检修中使用扁铲、铁丝、锯条等时要时刻注意不能将断头掉入发电机内部。收工后要清点工具、器具，确保无遗漏后用蓬布将发电机盖好并贴封条。

5）电动机拆开后的电缆头须三相短路接地。做好防止被其带动的机械引起电动机转动的措施，并在阀门上悬挂"禁止合闸，有人工作！"的标志牌。禁止在转动着的高压电动机及其附属装置回路上进行工作。必须在转动着的电动机转子电阻回路上进行工作时，应先提起电刷或将电阻完全切除。电动机的引出线和电缆头及外露的转动部分均应装设牢固的遮拦或护罩。电动机及启动装置的外壳均应接地。禁止在转动的电动机接地线上进行工作。工作尚未全部终结而需送电试验电动机或启动装置时，应收回全部工作票，在通知有关机械部分检修人员后方可送电。

（3）回装阶段的风险分析

全面检查确认发电机内部的所有检修工作全部结束。通知相关部门或班组检查确认其相应工作全部结束。回装时要按照拆前记号回装，封人孔之前认真检查发电机内部无异物并拆除转子轴向风道堵板。

（4）水压试验安全技术措施

水压试验至少由两人以上进行工作，禁止单独一人操作。水压试验必须与集控运行联系征得同意后方可工作。将水压机和发电机出水法兰、进水法兰和压力表连接好。升压时先打开绕组排空门，待空气排尽后方可关闭升压。缓缓升压至 0.6 兆帕后开始查漏，维持 12 小时无渗漏为合格。升压时做好联系工作，防止压力超限。水压试验时严密监视压力表的压力，防止因超压而损坏水管。

（5）发电机风压试验安全技术措施

进行风压试验前必须认真检查发电机本体、氢系统及氢干燥器、定子冷却水系统、密封油系统和润滑油系统等设备，确认全部恢复完毕方可进行试验。压缩干空气压力正常，氢系统就地压力表和集控计算机画面氢压信号已投入正常运行。化学氢气仪表分析盘、氢气湿度分析仪、热工变送器和就地压力表均恢复正常。风压试验必须与集控运行联系征得同意后方可工作。对发电机密封点进行查漏，在查漏过程中如果发现漏点要及时处理，全部密封点要检查两遍，无渗漏现象后继续升压，在升压过程中加强对密封油压的跟踪、查漏。如果确认不能处理的泄压后应重新检修，重新进行风压试验。

二、热力发电（火力发电）生产安全

利用热能来进行发电的发电厂主要有火力发电厂、燃气发电厂和地热发电厂。现阶段由于国家对环保和资源方面的要求不断提高，传统的燃煤发电厂将面对更大的挑战。而燃气发电厂由于环境污染小，取代了很多的燃煤发电厂。而地热发电则需要当地有地热能这种发电资源。

我国的火力发电行业以热力、机械、电力为主，生产作业中存在的危险因素主要有：

（1）运行、维护和检修工作不当很容易发生严重的触电、高空跌落、高空落物、机器损伤、烧伤、烫伤等事故。

（2）危险作业多，如高空作业，禁火区明火作业，邻近带电设备和低压带电工作，密闭容器作业，高温作业，带热压力作业，带有毒有害气体的酸、碱接触作业，重大设备的拆装吊运以及搬运工作等。这些作业如不严格履行规程，防护装置不完善都有可能造成人身伤害直至人身死亡事故的发生。

（3）带电作业危险多，如感性设备、容性设备、纯阻性设备，无不与电有着密切的联系，误碰带电导体、误入间隔、误挂标志牌、误操作、误判断带电距离，轻者终身残疾，重者死亡。

（4）无法预料的生产设备突发不可抗拒的损坏，如承压部件的突然破裂、电力设备的突然短路与接地、高压蒸汽的突然泄漏、防爆系统的突然释压、锅炉燃烧突然造成的正压、带有氢系统设备的突然爆炸、电力电缆的突然放炮着火、高压线路的突然断裂乃至接地、变压器绝缘子的突然爆裂、变压器重瓦斯引起的突然大火、转动设备的突然飞车等都是人身事故的重大隐患。

（5）从事重体力劳动的检修人员也不同程度地存在着危险因素，并且有些工作是在比较恶劣的环境下才能进行工作的。例如，汽轮机、发电机的部件吊运工作，发电机转子重 30 ~ 40 吨，高压电机重 4 ~ 12 吨，低压电机重 30 ~ 1 000 公斤。在除氧气内明火作业，锅炉除焦，烟道清灰，发电机背部铁芯的检查，凝汽器的查找漏点等，稍不注意均有可能发生事故。

三、水力发电生产安全

水力发电主要是利用水能进行发电，除了传统的水力发电还有潮汐发电方式。潮汐发电是利用双向的水流发电，而普通的水力发电只是利用单方向的水流。此外，现在很多地方根据当地需求建设了抽水蓄能电站，这种发电方式在白天用电需求大的时候发电，晚上用电负荷小的时候利用电站的电能把电站下游的水抽到上游进行水能的反复利用。

水力发电和火力发电相似，只是两者使用的发电机组不同而已，水力发电主要利用水轮机发电，在运行和检修等方面的安全要求可以参照火力发电。不同之处是水电厂要预防高处坠落、围堰坍塌、起重机械与脚手架倒塌，水库大坝安全监测和水雨情测报及水轮机的安全检测。

四、核能发电生产安全

核电厂主要是利用核聚变发电，由于所利用的能源不产生灰尘、烟气等环境污染，这种发电方式是一种清洁环保的发电方式。我国目前对核电厂的建设审批非常严格，主要是由于核电厂如果发生核泄漏将造成很严重的后果。日本核电厂发生泄漏事故后，我国对核电的建设审批更加严格。核电厂的安全运行是以核电厂的选址、设计、建造、调试、运行和管理均符合核安全要求为前提的，核电厂由于自身的安全性要求较高，最大的安全威胁是核泄漏。

为了防止厂区人员受到过量的辐射危害，进入厂区应穿防护服。同时，装料、换料计划、燃料性能、辐射防护大纲和人员受照射量要做好记录；废物管理按文件要求执行；对各种运行状态（包括停堆在内）的按要求执行。其他方面如电气、机械安全与火力发电厂类似。

五、新能源发电生产安全

新能源发电技术的产生主要是由于煤炭石油等自然资源有限，人类对能源的需求不断攀升。随着新能源技术的发展，新能源发电中主要以风力发电、太阳能发电和生物质能发电为主。

新能源发电共同的生产安全是栏杆、盖板、护板等设施齐全，符合国家标准及现场安全要求；因工作需拆除防护设施，必须装设临时遮拦或围栏，工作终结后，及时恢复防护设施。电气高压试验现场应装设遮拦或围栏，设醒目安全警示牌。梯台、电缆沟盖板的结构和材质良好，钢直梯护圈和踢脚板等防护功能齐全，符合国家安全生产要求。机器的转动部分防护罩或其他防护设备（如栅栏）齐全、完整，露出的轴端设有护盖。电气设备金属外壳接地装置齐全、完好。生产现场紧急疏散通道必须保持畅通。

1. 风力发电安全

风力发电由于借助于自然的风来进行电能的生产，其主要的安全威胁就是大风、大雾、大雪等恶劣天气。各地的风电场主要基于当地气象风力的条件进行，由于风力发电机需要一定的风速条件才能工作，风电场的位置主要分布于大山、高原、荒地、大漠、沿海等地方，这些地方的自然条件相对于城市的环境要差很多的。生产人员在进行相关设备安装和调试的中，要做好防大风、防沙、防风暴、防寒等保护工作。此外，就是高处作业、电气设备运行和机械操作中的安全。其中，人员工作时防护用品的使用安全规程为：

（1）近水地点作业时应穿救生衣。

（2）佩戴手套，穿防护工作服和橡胶底防护工作鞋来防止受伤和油污。

（3）在风力发电机组内部工作时要戴上有锁紧带的安全帽且在任何时候要把帽带系紧。

（4）佩戴耳塞来防止大风和设备噪声的影响。

（5）在液压回路及使用绞磨机工作时应戴护目镜。

（6）维护作业时应带手电筒以备应急时使用。

2. 太阳能发电安全

太阳能资源是无限的，由此产生了多种太阳能发电方式，主要为光伏电池板发电，太阳能光热发电。其中，太阳能光热发电分为槽式、塔式和碟式，其利用加热其他物质产生热能发电。光伏电池板发电就是日常所见的利用光伏电池板产生电能。太阳能电站的工作人员在生产中要注意做好防暑的工作，特别是在炎热的夏天，地面温度高，人体水分蒸发快，工作人员不仅要补充适当的水，更要避免在检修和调试设备时被烫伤。

太阳能发电的安全要求：光伏电池组件应满足安全运行的电气和机械性能要求，组件完好，温度正常；支架基础牢靠，各部螺栓无松动，焊接牢固，支架无变形，强度、稳定性和刚度满足要求，符合抗震、抗风和防腐等要求；制定并落实组件支架巡回检查、维护制度；组件支架与基础安装牢固，无松动现象；跟踪式支架限位装置、过风速保护、断电保护、跟踪控制系统正常。

3. 生物质能发电安全

生物质发电主要是利用人类日常生活中的秸秆、垃圾等可燃物质进行燃烧产生的热能发电。由于这种发电方式是利用废弃的物质进行发电，所以它归属于新能源发电方式而不是常规的热力发电方式。

这种发电方式除了火力发电的安全要求外，还要注意的事项为秸秆在收集、堆放、破碎时要注意防火。

第二节　输　电　安　全

随着电网技术的发展，输电技术也在不断地向更高电压等级、更远距离的方向发展，未来高压输电将占据输电技术的主要阵地。目前两类主要的输电方式是交流高压输电和直流高压输电。由于高压输电线路大多数分布在野外和郊区，对生产人员的安全要求也更加严格，输电线路的安全是保证正常电力生产的重要环节。一般说来，输电线路的安全主要涉及输电线路安全标志、安全防护装备的使用、输电线路继电保护技术以及高压直流换流站的安全等内容。

一、输电线路安全标志

高压输电线路禁止标志牌一般可采用《国家电网公司安全设施标准（线路部分）》规定的规格。也可根据现场情况采用其他规格。

线路铁塔、钢管塔和有脚钉的水泥杆上必须设置"禁止攀登，高压危险"标志牌。应根据现场实际情况设置其他相应的禁止标志牌。输电线路常用禁止标志及设置规范见表3—1。

表3—1　　　　　输电线路常用禁止标志及设置规范

序号	图形标志示例	名称	设置范围和地点
1	禁止烟火	禁止吸烟	电缆隧道出入口等处
2	禁止攀登 高压危险	禁止攀登，高压危险	线路杆塔下部，距离地面约3米处

续表

序号	图形标志示例	名称	设置范围和地点
3	禁止开挖 下有电缆	禁止开挖, 下有电缆	禁止开挖的地下电缆线路保护区内
4	禁止在高压线下钓鱼	禁止在高压 线下钓鱼	跨越渔场线路下方的适宜位置
5	禁止取土	禁止取土	线路保护区内杆塔、拉线附近适宜位置
6	禁止在高压线附近放风筝	禁止在高压 线附近放风筝	经常有人放风筝的线路附近适当位置
7	禁止在保护区内建房	禁止在保护 区内建房	线路下方及保护区内

续表

序号	图形标志示例	名称	设置范围和地点
8	禁止在保护区内植树	禁止在保护区内植树	线路电力设施保护区内植树严重地段
9	禁止在保护区内爆破	禁止在保护区内爆破	线路途经采石场、矿区等
10	线路保护区内禁止植树	线路保护警示牌	①对应装设易发生外力破坏的线路保护区内 ②尺寸：1 000 毫米×600 毫米 ③材料工艺：使用水泥预制，表面光滑，双面白底红字（黑体字），下方要有举报电话 ④警示牌文字可选用下列内容或根据实际情况采用适宜内容：线路保护区内禁止植树；线路保护区内禁止采石放炮；线路保护区内禁止取土；线路保护区内禁止建房；线路保护区内禁止垂钓；线路保护区内禁止放风筝

二、输电线路安全防护

安全防护设施用于防止外因引发的人身伤害，包括安全帽、安全带、临时遮拦（围栏）、孔洞盖板、爬梯遮拦门、安全工器具试验合格证标志牌、接地线标志牌及接地线存放地点标志牌、杆塔拉线、接地引下线、电缆防护套管及警示线、杆塔防撞警示线等装置和用具。

工作人员进入生产现场，应根据作业环境中所存在的危险因素，穿戴或使用必要的防护用品。所有升降口、大小坑洞、楼梯和平台，应装设不低于 1 050 毫米的栏杆和不低于 100 毫米的护板。如在检修期间需将栏杆拆除时，应装设临时遮拦，并在检修工作结束后将栏杆立即恢复。巡检过程中如果发现问题，要及时向有关部门报告并修复，巡检的周期一般为一周一次。

三、输电线路继电保护技术

输电线路继电保护技术是保证输电线路安全运行以及故障处理的关键技术，主要包括输电线路的电流电压保护、距离保护、差动保护、高频保护等。继电保护技术能自动、迅速、有选择性地将故障元件从输电线路系统中切除，使故障元件免于继续遭到损坏，保证其他无故障部分迅速恢复正常运行。此外，继电保护技术能够反映电力设备的不正常运行状态，并根据运行维护条件而动作发出信号或跳闸。

随着智能电网的发展，输电线路继电保护技术将面临新的挑战，如电压等级高，送电距离长，城市供电电缆化以及海底电缆的广泛应用；区域电网采用高压直流互联，电网中广泛应用 FACTS 等灵活控制元件；清洁及可再生能源大规模接入电网。

四、高压直流换流站安全

高压直流输电是最近几年比较流行的一种输电方式，因其具有输送距离远、功率损耗小等优点得到了应用。高压直流输电是将三相交流电通过换流站整流变成直流电，然后通过直流输电线路送往另一个换流站逆变成三相交流电的输电方式。直流输电系统包括换流站、直流线路、交流侧和直流侧的电力滤波器、无功补偿装置、换流变压器、直流电抗器以及保护、控制装置等，其中换流站又可分为整流站和逆变站。高压直流输电中，换流站的安全建设是直流输电的关键。直流换流站阀厅内的试验安全要求为：

1. 进行晶闸管高压试验前，应停止该阀塔内其他工作并撤离无关人员；试验时，工作人员应与试验带电体位保持 0.7 米以上距离，试验人员禁止直接接触阀塔屏蔽罩，防止被可能产生的试验感应电伤害。

2. 地面加压人员与阀体层作业人员应通过对讲机保持联系，防止高处作业人员未撤离阀体时误加压。阀体工作层应设专责监护人（在与阀体工作层平行的升降车上监护、指挥），加压过程中应有人监护并呼唱。

3. 换流变压器高压试验前应通知阀厅内高压穿墙套管侧试验无关人员撤离，并派专人监护。

4. 阀厅内高压穿墙套管试验加压前应通知阀厅外侧换流变压侧上试验无关人员撤离，确认其余绕组均已可靠接地，并派专人监护。

5. 高压直流系统带线路空载加压试验前，应确认对侧换流站相应的直流线路接地刀闸、极母线出线隔离开关、金属回线隔离开关在拉开状态。单极金属回线运行时，禁止对停运极进行空载加压试验。背靠背高压直流系统一侧进行空载加压试验前，应检查确认另一侧换流变压器处于冷备用状态。

第三节　变　电　安　全

变电站是电力网重要组成部分，是改变电压、控制和分配电能的场所。从规模上分，变电站有枢纽变电站、地区重要变电站、一般变电站。变电站一般建在负荷中心，尽可能靠近用电多的地方。变电安全主要涉及变电站安全措施，特殊天气下的安全要求，其他设施的要求等内容。

一、变电站概述

变电站是用以切断或接通、改变或者调整电压的一组设备。在电力系统中，变电站是输电和配电的集结点。变电站主要组成：馈电线（进线、出线）和母线，隔离开关，接地开关，断路器，电力变压器（主变），站用变，电压互感器 TV（PT）、电流互感器 TA

（CT），避雷针。随着电网技术的发展，智能变电站因在自动化程度、可靠性、经济性和安全性等方面优于传统的变电站，正不断在电网系统中采用。因其大量采用计算机等信息化处理技术，极大地方便了电网的调度和控制。

二、变电站的安全措施

1. 一般要求

（1）在一经合闸即可送电到工作地点的断路器、隔离刀闸操作把手上悬挂"禁止合闸，有人工作！"标志牌。对在显示屏上进行操作的断路器和隔离刀闸，应在其操作处设置"禁止合闸，有人工作！"标记。

（2）若线路有人工作，应在线路断路器、隔离刀闸操作把手上悬挂"禁止合闸，线路有人工作！"标志牌。对在显示屏上进行操作的断路器和隔离刀闸，应在其操作处设置"禁止合闸，线路有人工作！"标记。

（3）在工作地点设置"在此工作"标志牌。

（4）严禁工作人员擅自移动或拆除遮拦（围栏）、标志牌，严禁翻越围栏。

（5）在中控室盘柜两侧设置围栏，并配置满足室外最高电压等级两个间隔同时检修的遮拦网围栏，遮拦的高度不小于1.7米。

2. 高压设备隔离措施

（1）在室外高压设备上进行检修工作时，在工作地点四周装设全封闭遮拦网围栏，其出入口要围至临近道路旁边，并设置"从此进出"标志牌。围栏上悬挂适当数量的"止步，高压危险！"标志牌，标志牌应朝向围栏里面。

（2）若室外设备装置的大部分设备停电，只有个别地点保留有带电设备而其他设备不可能触及带电导体时，应在带电设备四周装设全封闭遮拦网围栏，围栏上悬挂适当数量的"止步，高压危险！"标志牌，标志牌应朝向围栏外面。

（3）对室外高压设备进行预试时，在工作地点装设遮拦网围栏，遮拦与试验设备高压部分应有足够安全距离，向外悬挂"止步，高压危险！"标志牌，并派人看守。被试设备不在同一地点时，另一端也应派人看守。

（4）室外扩建、改建施工时，采取非金属板（木板或其他板材）对施工区域进行封闭隔离，其出入口要围至临近道路旁边，并设置"从此进出"标志牌。进入配电装置设备区至施工地点出入口处的道路两旁应设置遮拦网围栏，围栏上悬挂适当数量的"止步，高压危险！"标志牌，标志牌应朝向围栏外面。

（5）当施工地点上方有高压配电装置运行时，应设置安全限高标志。

（6）在室外构架上工作，应在工作地点临近带电部分的横梁上悬挂"止步，高压危险！"标志牌。在上下铁架或梯子上，悬挂"从此上下"标志牌。在临近其他可能误登的带电构架上，悬挂"禁止攀登，高压危险！"标志牌。

3. 二次系统安全隔离措施

（1）在全部停运的继电保护、安全自动装置和仪表、自动化监控系统等屏（柜）上工作时，在检修屏（柜）两旁及对面运行屏（柜）上设置临时遮拦或以明显标志隔开。

（2）在部分停运的继电保护、安全自动装置和仪表、自动化监控系统等屏（柜）上工作时，在检修间隔上下与运行设备以明显标志隔开。

（3）在继电保护、安全自动装置和仪表、自动化监控系统等屏（柜）上或附近进行打眼等振动较大的工作时，采取防止运行设备中设备误动作的措施，必要时申请暂停保护。

（4）在继电保护、安全自动装置和仪表、自动化监控系统等屏间的通道上搬运、安放试验设备或其他屏柜时，注意与运行设备保持一定距离，防止误碰运行设备。

三、变电站特殊天气下安全要求

雷雨天气，需要巡视室外高压设备时，应穿绝缘靴，并不得靠近避雷器和避雷针；进入设备区，不得打雨伞，应穿雨衣；禁止在就地进行倒闸操作。

火灾、地震、台风、冰雪、洪水、泥石流、沙尘暴等灾害发生时，如需要对设备进行巡视时，应制定必要的安全措施并得到设备运行单位分管领导批准，巡视时至少两人一组，巡视人员应与派出部门之间保持通信联络。

四、变电站其他设施要求

变电站内外工作场所的井、坑、孔、洞或沟道，应覆以与地面齐平而坚固的盖板。在检修工作中如需将盖板取下，应设临时围栏。临时打的孔、洞，施工结束后应恢复原状。变电站内外的电缆在进入控制室、电缆夹层、控制柜、开关柜等处的电缆孔洞，应用防火材料严密封闭。高压配电室、主控室、保护室、电缆室、蓄电池室装设的防小动物挡板不得随意取下。严格蓄电池组的运行维护管理，防止运行环境温度过高或过低造成蓄电池组损坏。

第四节 配 电 安 全

一、配电网的特征与组成

配电网是电力网的最后环节，配电网由架空线路、电缆、杆塔、配电变压器、隔离开关、无功补偿电容以及一些附属设施等组成，在电力网中起重要分配电能作用。配电网安全的关键涉及架空线路的检修和维护，配电网带点作业安全等内容。

配电网按电压等级来分类，可分为高压配电网（35～110千伏）、中压配电网（6～10千伏）、低压配电网（220～380伏）；按供电区的功能来分类，可分为城市配电网、农村配电网和工厂配电网等。

二、配电网中架空线路安全要求

1. 巡线要求

单独巡线人员应考试合格并经工区（公司、所）分管生产领导批准。电缆隧道、偏僻山区和夜间巡线及汛期、暑天、雪天等恶劣天气巡线，由两人进行。单人巡线时，禁止攀登电杆和铁塔。遇有火灾、地震、台风、冰雪、洪水、泥石流、沙尘暴等灾害发生时，如须对线路进行巡视，应制定必要的安全措施，并得到设备运行管理单位分管领导批准。巡视应至少两人一组，并与派出部门之间保持通信联络。雷雨、大风天气或事故巡线，巡视人员应穿绝缘鞋或绝缘靴；汛期、暑天、雪天等恶劣天气和山区巡线应配备必要的防护用具、自救器具和药品；夜间巡线应携带足够的照明工具，沿线路外侧进行；大风时，巡线应沿线路上风侧前进，以免触及断落的导线；巡线时禁止泅渡。事故巡线应始终认为线路带电。巡线人员发现导线、电缆断落地面或悬挂空中，应设法防止行人靠近断线地点 8 米以内，以免跨步电压伤人，并迅速报告调度和上级，等候处理。

2. 障碍物处理

砍剪树木时，应防止马蜂等昆虫或动物伤人。上树时，不应攀抓脆弱和枯死的树枝，不应攀登已经锯过或砍过的未断树木。使用安全带时，不准系在待砍剪树枝的断口附近或以上。砍剪树木应有专人监护，待砍剪的树木下面和倒树范围内不准有人逗留，城区、人口密集区应设置围栏，防止砸伤行人。树枝接触或接近高压带电导线时，应将高压线路停电或用绝缘工具使树枝远离带电导线至安全距离，禁止人体接触树木。

3. 杆上作业要求

登杆塔和在杆塔上工作时，每基杆塔都应设专人监护。作业人员登杆塔前应核对确认停电检修线路的识别标记和双重名称无误后，再检查根部、基础和拉线是否牢固。遇有冲刷、起土、上拔或导地线、拉线松动的杆塔，应先培土加固，打好临时拉线或支好架杆后，再行登杆。同时，应先检查登高工具、设施，如脚扣、升降板、安全带、梯子和脚钉、爬梯、防坠装置等是否完整牢靠。禁止携带器材登杆或在杆塔上移位。禁止利用绳索、拉线上下杆塔或顺杆下滑。攀登有覆冰、积雪的杆塔时，应采取防滑措施。攀登杆塔、杆塔上转位及杆塔上作业时，手扶的构件应牢固，不准失去安全保护，并防止安全带从杆顶脱出被锋利物损坏。上横担进行工作前，应检查横担连接是否牢固和腐蚀情况，检查时安全带应系在主杆或牢固的构件上。在杆塔上作业时，应使用有后备绳或速差自锁器的双控背带式安全带，当后保护绳超过 3 米应使用缓冲器。后备保护绳不准对接使用。工作点下方应按坠落半径设围栏或其他保护措施。杆塔上下无法避免垂直交叉作业时，应做好防落物伤人的措施，作业时要相互照应，密切配合。在杆塔上水平使用梯子时，应使用特制的专用梯子。在相分裂导线上工作时，安全带应挂在同一根子导线上，后备保护绳应挂住整相导线。

三、配电网带电作业安全

进行直接接触 20 千伏及以下电压等级带电设备的作业时，应穿着合格的绝缘防护用具；使用的安全带、安全帽应有良好的绝缘性能，必要时戴护目镜。使用前应对绝缘防护用具进行外观检查。

作业过程中禁止摘下绝缘防护用具，作业区域带电导线、绝缘子等应采取相应的绝缘隔离措施。绝缘隔离措施的范围应比作业人员活动范围增加 0.4 米以上。实施绝缘隔离措施时，应按先近后远、先下后上的顺序进行，拆除时顺序相反。装、拆绝缘隔离措施时应逐相进行。禁止同时拆除带电导线和接地电位的绝缘隔离措施；禁止同时接触两个非连通的带电导体或带电导体与接地导体。

作业人员进行换相工作转移前，应得到工作监护人的同意。杆塔上带电核相时，作业人员与带电部位保持规定的安全距离。核相工作应逐相进行，严禁两相同时核相。高低压同杆架设，在低压带电线路上工作时，应先检查与高压线的距离，采取防止误碰带电高压设备的措施。

在低压带电导线未采取绝缘措施时，工作人员不得穿越。在带电的低压配电装置上工作时，应采取防止相间短路和单相接地的绝缘隔离措施。上杆前，应先分清相、零线，选好工作位置。断开导线时，应先断开相线，后断开零线。搭接导线时，顺序应相反。人体不得同时接触两根线头。

第三章思考题

1. 什么是电力安全生产？

2. 电力生产中常见发电方式有哪几种？

3. 在输电线路铁塔、钢管塔和有脚钉的水泥杆上设置标志牌的内容有哪些？

4. 变电站的安全措施有哪些？

5. 配电网的带电安全作业包括哪些措施？

第四章 电力安全用具与电力系统灭火

第一节 电力安全用具的分类和功能

要实现电力安全生产，涉及多方面的工作。工作人员在电力生产中正确使用电力安全工具，就是其中一项重要的工作。对大量电气伤害事故案例的分析表明，人身触电、灼伤、高处摔跌等事故中有相当一部分是由于没有使用或没有正确使用电力安全工具引起的，也有一部分是由于缺少电力安全工具或使用不合理造成的。电力安全工具分为绝缘安全工具、一般防护安全工具、安全围栏（网）和标志牌三大类。

一、绝缘安全用具

绝缘安全工具分为基本绝缘安全工具和辅助绝缘安全工具两大类。基本绝缘安全工具是指能直接操作带电设备、接触或可能接触带电体的工器具，包括电容型验电器、绝缘杆、绝缘隔板、绝缘罩、携带型短路接地线、个人保护接地线、核相器等。

1. 电容型验电器是通过检测流过验电器对地杂散电容中的电流，检验高压电气设备、线路是否带有运行电压的装置。电容型验电器一般是由接触电极、验电指示器、连接件、绝缘杆和护手环等组成。

2. 绝缘杆是用于短时间对带电设备进行操作或测量的绝缘工具，如接通或断开高压隔离开关、跌落熔丝具等。绝缘杆由合成材料制成，结构一般分为工作部分、绝缘部分和手握部分。

3. 绝缘隔板是由绝缘材料制成，用于隔离带电部件、限制工作人员活动范围的绝缘平板。

4. 绝缘罩是由绝缘材料制成，用于遮蔽带电导体或非带电导体的保护罩。

5. 携带型短路接地线是用于防止设备、线路突然来电，消除感应电压，放尽剩余电荷的临时接地装置。

6. 个人保护接地线（俗称"小地线"）用于防止感应电压危害的个人用接地装置。

7. 核相器是用于鉴别待连接设备、电气回路是否相位相同的装置。

辅助绝缘安全工器具是指绝缘强度不是用于承受设备或线路的工作电压，只是用于加强基本绝缘安全工器具的保安作用，用以防止接触电压、跨步电压、泄漏电流电弧对操作人员的伤害。辅助绝缘安全工具是不能用于直接接触高压设备带电部分，辅助绝缘安全工器具包括绝缘手套、绝缘靴（鞋）、绝缘胶垫等。

1. 绝缘手套是由特种橡胶制成的，起电气绝缘作用的手套。

2. 绝缘靴是由特种橡胶制成的，用于人体与地面绝缘的靴子。

3. 绝缘胶垫是由特种橡胶制成的，用于加强工作人员对地绝缘的橡胶板。

二、一般防护安全用具

一般防护安全工具（一般防护用具）是指防护工作人员发生事故的工具，如安全帽、安全带、梯子、安全绳、脚扣、防静电服（静电感应防护服）、防电弧服、导电鞋（防静电鞋）、安全自锁器、速差自控器、防护眼镜、过滤式防毒面具、正压式消防空气呼吸器、SF_6气体检漏仪、氧量测试仪、耐酸手套、耐酸服及耐酸靴等。具体功能如下：

1. 安全帽是一种用来保护工作人员头部，使头部免受外力冲击伤害的帽子。高压近电报警安全帽是一种带有高压近电报警功能的安全帽，一般由普通安全帽和高压近电报警器组合而成。

2. 安全带是预防高处作业人员坠落伤亡的个人防护用品，由腰带、围杆带、金属配件等组成。安全绳是安全带上面的保护人体不坠落的系绳。

3．梯子是由木料、竹料、绝缘材料、铝合金等材料制作的登高作业的工具。

4．脚扣是用钢或合金材料制作的攀登电杆的工具。

5．防静电服是用于在有静电的场所降低人体电位、避免服装上带高电位引起的其他危害的特种服装。

6．防电弧服是一种用绝缘和防护的隔层制成的保护穿着者身体的防护服装，用于减轻或避免电弧发生时散发出的大量热能辐射和飞溅融化物的伤害。

7．导电鞋是由特种性能橡胶制成的，在220～500千伏带电杆塔上及330～500千伏带电设备区非带电作业时为防止静电感应电压所穿用的鞋子。

8．速差自控器是一种装有一定长度绳索的器件，作业时可不受限制地拉出绳索，坠落时，因速度的变化可将拉出绳索的长度锁定。

9．护目眼镜是在维护电气设备和进行检修工作时，保护工作人员不受电弧灼伤以及防止异物落入眼内的防护用具。

10．过滤式防毒面具是用于有氧环境中使用的呼吸器。

11．正压式消防空气呼吸器是用于无氧环境中的呼吸器。

12．SF_6气体检漏仪是用于绝缘电器的制造以及现场维护、测量SF_6气体含量的专用仪器。

三、安全标志牌

安全标志牌是以红色、黄色、蓝色、绿色为主要颜色，辅以边框、图形符号或文字构成的标志，用于表达与安全有关的信息。安全标志牌包括各种安全警告牌、设备标志牌等。安全标志牌的用途是警告工作人员不得接近设备的带电部分，提醒工作人员在工作地点采取安全措施，以及表明禁止向某设备合闸送电等。从用途来分，安全标志牌分为禁止、允许和警告三类，常见的8种电力安全标志牌如图4—1所示。

图4—1　常见电力安全标志牌

第二节　电力安全用具的使用

一、使用标准

1. 作业前，工作人员要根据工作需要选择合适、合格的安全工具，使用前必须检查，确保完好无损。

2. 使用中应严格按《电业安全工作规程》、安全用具使用说明书及有关规定正确使用、佩戴。

3. 使用完毕及时收回，对号放入专用箱柜，摆放整齐。

4. 安全工具应按有关规定进行试验或检验，试验或检验不合格者严禁使用。

二、日常维护与使用

1. 绝缘棒

（1）基本介绍

绝缘棒采用绝缘材料制成，一般由以下部分组成：

1）工作部分：根据各种不同的操作目的，用金属或高强度绝缘材料制成各种形状的针、钩、环、叉等。

2）绝缘部分：采用木材、电木、纸泊管、环氧玻璃布管等绝缘材料制成。

3）握柄部分：采用同绝缘部分相同的材料制成。

4）护环部分：采用绝缘板材或聚氯乙烯、电木粉压制成环状。必须大于握柄 20~30 毫米。

5）凡雨天操作的绝缘棒须加装防雨罩。防雨罩的数量应符合国家规定。

条状绝缘棒不宜太重，以单人操作应手为宜。用以测量或试验的特殊绝缘棒，可按两人操作设计。其中一人经滑车牵引绝缘棒，另一人进行操作。绝缘棒的绝缘部分应光滑，无裂纹及硬伤。若是管状，两端必须封堵。绝缘棒的金属部分应镀锌或铬，防止诱蚀。绝缘棒的工作部分应大小适中，防止操作时相间短路。绝缘棒的各部分连接必须牢固，防止在操作过程中脱落。具有瓷质绝缘部分的绝缘棒瓷釉必须完整，无裂纹。缺釉部分不得大于 3 平方厘米，绝缘棒的结构如图 4—2 所示。

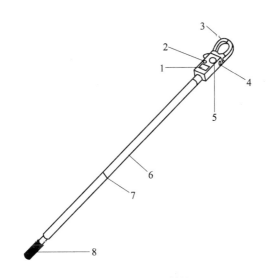

图 4—2　绝缘棒结构

1—显示窗口　2—电源开关　3—CT钳口　4—自动保持开关
5—旋转开关　6—操作杆　7—扶手限位　8—操作把手

（2）日常维护与使用标准

绝缘棒日常维护与使用标准见表4—1。

表4—1 绝缘棒日常维护与使用标准

日常检查标准	使用前检查标准	正确使用方法
①绝缘棒摆放在干燥、特制的架子上或摆放在专用柜上 ②绝缘棒表面绝缘漆无损坏、脱离 ③检验合格证完好、在有效期内，电压等级清晰 ④导电部分鸭嘴卡子或平口压紧、完好 ⑤数量、组件齐全，连接牢固	①核对与所操作电气设备的电压等级相符，外观是否完好，实验期限是否过期。如发现破损、裂纹等缺陷禁止使用 ②雨天在户外使用绝缘棒时，绝缘棒应装有防雨罩，罩的上口应与绝缘部分紧密结合，无渗漏 ③绝缘棒长度满足现场操作需求	①使用绝缘棒时，人体应与带电设备保持足够的安全距离，防止绝缘棒被人体或设备短接，保持有效的绝缘长度 ②使用过程中必须防止绝缘棒与其他物体碰撞而损坏表面绝缘漆 ③绝缘棒不得直接与墙壁或地面接触，防止破坏绝缘性能

（3）绝缘棒试验

绝缘棒必须每年试验一次，每次5分钟。预防性耐压试验不允许出现发热、刷形放电或爆裂声及异常现象。出现以上现象之一者，应禁止使用。试验标准见表4—2。若试验室由于试验设备限制，可以分段试验，其试验电压较规定值大20%。110～220千伏分段不得超过四段，330～500千伏分段不得超过六段，并且填写电气安全用具试验报告，标贴电气试验合格证。

表4—2 绝缘棒试验标准

电压种类	额定电压	10千伏及以下	35（44）千伏	110千伏	154千伏	220千伏	330千伏	500千伏	时间（分钟）
出厂试验	干试电压	50	115	260	345	500	715	/	5
	湿试电压	40	90	210	275	400	/	/	5
预防试验	干试电压	44	3倍线电压	3倍线电压	3倍线电压	3倍线电压	3倍线电压	3倍线电压	5
	湿试电压	34	78	180	235	340	/	/	5

2. 高压验电器

（1）基本介绍

高压验电器是通过检测流过验电器对地杂散电容中的电流，检验设备、线路是否带电的装置。高压声光验电器在电力企业如发电厂、变电站中是检测电器设备是否带电的专用工具。高压验电器现场操作具备声光警示，安全可靠。电源用4粒15伏纽扣式碱性电池，寿命长。伸缩拉杆绝缘体使用方便。高压验电器结构如图4—3所示。高压验电器分类如图4—4所示。

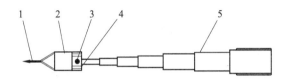

图4—3 高压验电器结构

1—触头 2—元件及电池 3—自检按钮 4—显示灯 5—伸缩杆组成

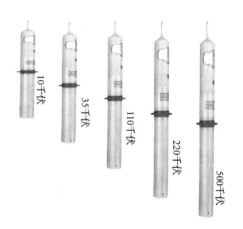

图4—4 高压验电器分类

（2）日常维护与使用标准

高压验电器日常维护与使用标准见表4—3。

表4—3　　　　　高压验电器日常维护与使用标准

日常检查标准	使用前检查标准	正确使用方法
①外观检查完好，无污垢、损伤、裂纹，手动检验声光显示完好，数量齐全 ②检验合格证在有效期内，电压等级清晰 ③抽拉式绝缘杆能完全拉开	①电容型验电器上应标有电压等级、制造厂和出厂编号。使用前必须核准是否与被检验电气设备或线路的电压等级一致，外观是否完好，绝缘部分无污垢、损伤、裂纹，手动检验声光显示应完好，试验期限应符合规定 ②绝缘杆长度满足现场操作 ③在带电设备上试验声光显示完好	验电时工作人员必须戴绝缘手套，手握在护环下侧握柄部分，先将验电器在带电设备上进行试验，确认验电器良好后再对被验设备进行验电。使用电压等级对应完好的验电器

在使用高压验电器进行验电时，首先必须认真执行操作监护制，一人操作，一人监护。操作者在前，监护人在后。使用验电器时，必须注意其额定电压要和被测电气设备的电压等级相适应，否则可能会危及操作人员的人身安全或造成错误判断。验电操作前应对验电器进行自检。验电时，操作人员一定要戴绝缘手套，穿绝缘靴，防止跨步电压或接触电压对人体的伤害。操作者应手握罩护环以下的握手部分，先在带电设备上进行检验。检验时，应渐渐地移近带电设备直至发光或发声为止，以验证验电器的完好性，然后再在需要验电的设备上进行检测。

（3）注意事项

1）对线路的验电应逐相进行，对联络用的断路器或隔离开关或其他检修设备验电时，应在其进、出线两侧各相分别验电。

2）对同杆塔架设的多层电力线路进行验电时，先验低压、后验高压，先验下层、后验上层。

3）在电容器组上验电时，应待其放电完毕再进行。

4）验电时让高压验电器顶端的金属工作触头逐渐靠近带电部分，至氖灯发光或发出音响报警信号为止，不可直接接触电气设备的带电部分。高压验电器不应受邻近带电体的影响，导致发出错误信号。

5）验电时人体与带电体应保持足够的安全距离，10 千伏以下的电压安全距离应为 0.7 米以上。

6）验电完毕，应立即进行接地操作。验电后因故中断未及时进行接地的，若需要继续操作必须重新验电。

7）高压验电器在保管和运输中不能强烈震动或冲击，不准擅自调整、拆装，不能在有雨雪等影响绝缘性能的环境中使用。不能把高压验电器放在露天烈日下暴晒，应保存在干燥通风处。不能用带腐蚀性的化学溶剂和洗涤剂进行擦拭或接触。

8）要按规定定期校验，超过有效期的高压验电器不能使用。

3. 绝缘手套

（1）基本介绍

绝缘手套又叫耐高温手套、高压绝缘手套，是用天然橡胶制成，经压片、模压、硫化或浸模成型的五指手套，主要用于电工作业。

（2）日常维护与使用标准

绝缘手套日常维护与使用标准见表4—4。

表4—4　　　　　　　　绝缘手套日常维护与使用标准

日常检查标准	使用前检查标准	正确使用方法
①存放在干燥阴凉的专用柜内或倒置在指形架上，数量齐全，上面不得堆压任何物件，也不得与石油类油脂接触 ②检验合格证完好、在有效期内 ③外观检查，无裂纹、气泡、破漏、划痕、污垢	绝缘手套使用前先进行外观检查，不得有裂纹、气泡、破漏、划痕等缺陷，然后将手套筒吹气压紧筒边朝手指方向卷曲卷到一定程度，若手指鼓起证明无破漏。如有漏气、裂纹禁止使用	①使用绝缘手套，外衣袖口应塞在绝缘手套筒身内。使用完毕应擦净晾干，可在绝缘手套内撒一些滑石粉以免黏连 ②进行设备验电、倒闸操作、装拆接地线等工作应戴绝缘手套

4．绝缘靴

（1）基本介绍

绝缘靴又叫高压绝缘靴、矿山靴。所谓绝缘，是指用绝缘材料把带电体封闭起来，借以隔离带电体或不同电位的导体，使电流能按一定的通路流通。良好的绝缘是保证设备和线路正常运行的必要条件，也是防止触电事故的重要措施。绝缘材料往往还起着其他作用：散热冷却、机械支撑和固定、储能、灭弧、防潮、防霉以及保护导体等。

（2）日常维护与使用标准

绝缘靴日常维护与使用标准见表4—5。

表4—5　　　　　　　绝缘靴日常维护与使用标准

日常检查标准	使用前检查标准	正确使用方法
①存放在干燥阴凉的专用柜内或架上，数量齐全，上面不得堆压任何物件，也不得与石油类油脂接触 ②检验合格证完好、在有效期内 ③外观检查，表面无损伤、磨损、裂纹、破漏划痕或污垢，绝缘鞋底纹路清晰，未露出黄色绝缘层	表面无损伤、磨损、裂纹、破漏划痕或污垢，绝缘靴底纹路清晰	使用时避免接触尖锐物体、高温和腐蚀性物质，防止受到损伤。绝缘靴严禁挪作他用

5．接地线

（1）基本介绍

1）接地线作用：高压接地线用于线路和变电施工，为防止临近带电体产生静电感应触电或误合闸时保证安全。

2）接地线结构：携带型高压接地线由绝缘操作杆、导线夹、短路线、接地线、接地端子、汇流夹、接地夹。

3）接地线制作工艺：导线夹、接地夹是采用优质铝合金压铸成型；操作杆采用环氧树脂彩色管制成，绝缘性能好，强度高、质量轻、色彩鲜明、外表光滑；接地软铜线采用多股优质软铜线绞合而成，并外覆柔软、耐高温的透明绝缘护层，可以防止使用中对接地铜线的磨损，铜线达到疲劳度测试需求，确保作业人员在操作中的安全。

（2）日常维护与使用标准

接地线日常维护与使用标准见表4—6。

表4—6　　　　　　接地线日常维护与使用标准

日常检查标准	使用前检查标准	正确使用方法
①接地线存放整齐，放置位置应按编号对号入座；短路接地线绝缘防护层无破损、导线无裸露 ②夹头和铜线、接地桩连接牢固，螺钉齐全；编号牌清晰、牢固 ③数量齐全	①使用接地线前必须进行外观检查，接地线应完好，夹头和铜线连接应牢固。如发现绞线松股、断股、护套严重破损、夹具断裂松动等不得使用 ②夹头和铜线、接地桩连接牢固；编号牌清晰、牢固 ③接地线跨度满足现场要求	①装设接地线前必须先经验电，确证无电后由一人监护另一人操作，操作人员必须戴上绝缘手套并使用绝缘棒操作，严禁用抛挂的方式装设接地线 ②装设时先接接地端，后接导体端，拆除时顺序与此相反 ③接地线夹头必须夹紧，以防短路电流较大时因接触不良熔断或因电动力作用而脱落。严禁用缠绕办法短路或接地 ④接地线与检修部分之间不得连有断路器（开关）或熔断器（保险），以防工作过程中断开而失去接地作用 ⑤接地线应规范编号使用，并注明电压等级。接地线编号及装设位置应记入操作票和工作票中，避免误拆、漏拆接地线造成事故

6. 防毒面具

防毒面具作为个人防护器材，用于对人员的呼吸器官、眼睛及面部皮肤提供有效防护。面具由面罩、导气管和滤毒罐组成，面罩可直接与滤毒罐或滤毒盒连接使用，称为直连式；或者用导气管与滤毒罐和滤毒盒连接使用，称为导管式。防毒面罩可以根据防护要求分别选用各种型号的滤毒罐，应用在化工、仓库、科研等各种有毒、有害的作业环境。防毒面具日常维护与使用标准见表4—7。

表 4—7　　　　　　防毒面具日常维护与使用标准

日常检查标准	使用前检查标准	正确使用方法
①过滤式防毒面具密合框胶条完好，头罩胶带齐全、完好；数量齐全②过滤剂有效	使用前应检查面具的完整性和气密性，面罩密合框应与佩戴者颜面密合，无明显压痛感	使用者应根据其面型尺寸选配适宜的面罩，使用中应注意有无泄漏和滤毒罐失效。防毒面具的过滤剂有一定的使用时间，一般为 30 ~ 100 分钟。过滤剂失去过滤作用（面具有特殊气味）时，应及时更换

7. 正压式空气呼吸器

（1）基本介绍

正压式空气呼吸器是一种自给开放式空气呼吸器，广泛应用于消防、化工、船舶、石油、冶炼、仓库、试验室、矿山等部门，供消防员或抢险救护人员在浓烟、毒气、蒸汽或缺氧等各种环境下安全有效地进行灭火、抢险救灾和救护工作。该系列产品配有视野广阔、明亮、气密良好的全面罩，供气装置配有体积较小、质量轻、性能稳定的新型供气阀；选用高强度背板和安全系数较高的优质高压气瓶；减压阀装置装有残气报警器，在规定的气瓶压力范围内，可向佩戴者发出声响信号，提醒使用人员及时撤离现场。

（2）日常维护与使用标准

正压式空气呼吸器日常维护与使用标准见表4—8。

表 4—8　　　　正压式空气呼吸器日常维护与使用标准

日常检查标准	使用前检查标准	正确使用方法
①外观检查：器材的卫生、各部件完好情况②气瓶压力检查：打开气瓶阀观看压力表，空气呼吸器备用压力应在 20 兆帕以上	①数量齐全、组件完整，面罩密合框胶条完好，头罩胶带齐全、完好②气瓶定位③检查气瓶是否处于关闭状态	①一只手托住面罩将面罩口鼻罩与脸部贴合，另一只手将头带后拉罩住头部，收紧头带②检测面罩的气密性：若感到无法呼吸且面具充分贴合说明密封良好

续表

日常检查标准	使用前检查标准	正确使用方法
③气密性检查：打开气瓶阀（不连接供气阀），当压力表指针显示压力后关闭气瓶阀，观察压力表的读数，在5分钟时间内，压力下降不大于2兆帕，表明供气管系高压气密完好 ④报警器检查：打开气瓶阀（不连接供气阀），当压力表指针显示压力后关闭气瓶阀，轻轻按动供气瓶阀黄色按钮，观察压力表指示值的变化，当压力下降至（5±0.5）兆帕时，残气警报器发出气笛报警声	④当使用单瓶时将气瓶放入背架的中部凹槽，把减压阀的手轮完全旋紧，使用双瓶时将气瓶放入背架的底部的凹槽 ⑤使用前必须检查气瓶束带是否有松动，必须扣紧 ⑥使用前快速检查气瓶内压缩空气的压力（30兆帕的瓶在20摄氏度时应显示30兆帕）	③将供气阀推进面罩供气口，听到"卡嗒"声，同时快速接口的两侧按钮同时复归即可 ④背上整套装置，双手扣住身体两侧的肩带D型环，身体前倾，向后下方拉经D型环直到肩带及背架与身体充分贴合

（3）正压式空气呼吸器使用步骤

1）检查气瓶表面是否有严重损伤，检查背板是否有裂痕，背带是否有划伤、压力计有无破损。

2）检查面罩清晰度以及面罩是否已有缺损，特别是侧缘面屏、阀门和束带部分。

3）检查气瓶压力。正常压力不低于28兆帕，闭气瓶开关，观察压力表的读数，在1分钟内，压力下降不大于2兆帕，表明供气系统气密良好。

4）检查报警装置。泄压并检查报警是否正常。轻轻按动供气阀，观察压力值变化，当压力降至5~6兆帕时，警报器发出声响。

5）两手抓紧呼吸器肩带，类似穿衣般依次穿好呼吸器肩带。

6）双手系紧腰带。

7）固定好压力表附件和供气阀。

8）将面罩长系带套在脖子上，使其置于胸前，以便佩戴。

9）自下而上戴起面罩，用手调节头部束带，使面部与面罩紧密贴合。

10）进行气密检查。用掌心堵住面罩的接口，使面罩紧贴面部，如果在 10 秒钟之内操作人员感到憋气，说明面罩的气密性良好。

11）将面罩接口与供气阀正确连接。

12）打开呼吸器气瓶阀，一切正常即可进入工作区域。

8. 安全带

（1）基本介绍

安全带是防止高处作业人员发生坠落或发生坠落后将作业人员安全悬挂的个体防护装备，由带子、绳子和金属配件组成，总称安全带。根据操作、穿戴类型的不同，可以分为全身安全带和半身安全带。全身安全带即安全带包裹全身，配备了腰、胸、背多个悬挂点。它一般可以拆卸为一个半身安全带及一个胸式安全带。全身安全带最大的应用是能够使救援人员采取"头朝下"的方式作业而无须考虑安全带滑脱。比如在深井类救援中，需要救援人员"头朝下"深入并靠近被困人员。半身安全带即安全带仅包裹半身（一般是下半身，但也有如胸式安全带等用于上半身的保护）。它的使用范围相对全身安全带而言较窄，一般用于"坐席悬垂"。在采购和使用安全带时，应该检查安全带的部件是否完整，有无损伤，金属配件的各种环不得是焊接件，边缘光滑，产品上应有安监证。要注意的是，悬挂安全带不得低挂高用，这是因为低挂高用在坠落时受到的冲击力大，对人体伤害也大。使用安全绳时，不允许打结，以免发生坠落受冲击时将绳从结处切断。当单独使用 3 米以上长绳时，应考虑补充措施，如在绳上加缓冲器、自锁钩或速差式自控器等。缓冲器、自锁钩或速差式自控器可以单独使用也可以联合使用。

（2）日常维护与使用标准

安全带日常维护与使用标准见表4—9。

表 4—9　　　　　　　　安全带日常维护与使用标准

日常检查标准	使用前检查标准	正确使用方法
①存放在干燥阴凉的专用柜内或架上 ②检验合格证完好、在有效期内	使用前应做外观检查，挂钩的钩舌咬口平整不错位，保险装置完整可靠，绳索、组件等完好无损，发现变质破损及金属配件有断裂者严禁使用	①安全带应系在牢固的物体上，禁止系挂在移动或不牢固的物件上，不得系在棱角锋利处和接触化学药品 ②安全带要高挂和平行拴挂，禁止低挂高用。人和挂钩保持绳长的距离，并应将活梁卡子系紧。保险带、绳使用长度在 3 米以上的安全带，应配缓冲器使用

（3）全身安全带使用步骤

1）安全带要存放在干燥阴凉的专用柜内或架上。

2）安全带使用前进行外观检查。

3）将安全带举到面前，背带朝上。

4）像穿夹克一样穿上安全带，将其贴紧肩膀。

5）调整胸部安全带扣。

6）扣上胸部安全带扣。

7）把腿带套在腿上，以便接到位于每一侧的扣环中，确保腿带没有交叉。

8）拉紧或松开吊带末端，以调整腿带。

9）将两条腿带系好，且将带扣扣牢。

10）将安全绳置于前胸固定好，防止其随意摆动。

11）或将安全绳扣于腰部金属扣处。

12）调整安全带后，检查确定其没有扭曲或交叉后即可开始工作。

9. 绝缘夹钳

（1）基本介绍

绝缘夹钳是用来安装和拆卸高压熔断器或执行其他类似工作的工具，主要用于 35 千伏及以下电力系统。绝缘夹钳由工作钳口、绝缘部分和握手三部分组成。各部分都用绝缘材料制成，所用材料与绝缘棒相同，只是工作部分是一个坚固的夹钳，并有一个或两个管型的开口，用以夹紧熔断器。

（2）日常维护与使用标准

绝缘夹钳日常维护与使用标准见表4—10。

表4—10　　　　　　　　绝缘夹钳日常维护与使用标准

日常检查标准	使用前检查标准	正确使用方法
①绝缘夹钳摆放在干燥、特制的架子上或摆放在专用柜上，数量齐全 ②绝缘杆表面绝缘漆无损坏、脱离；组件齐全、完好，夹紧有效 ③抽拉式绝缘杆能完全拉开	①绝缘夹钳只允许在35千伏及以下的电气设备上使用 ②外观检查完好 ③在带电设备上试验声光显示完好	①使用时应戴护目镜、绝缘手套，穿绝缘靴（鞋）或站在绝缘台垫上，精神集中，保持身体平衡，握紧绝缘夹钳不使其滑脱落下 ②潮湿天气或雨天户外禁止使用绝缘夹钳 ③严禁在绝缘夹钳上装接地线，以免接地线在空中摆动触碰带电部分造成接地短路或人身触电事故

10. 安全帽

（1）基本介绍

安全帽是防止冲击物伤害头部的防护用品。安全帽由帽壳、帽衬、下颊带和后箍组成。帽壳呈半球形，坚固、光滑并有一定弹性，打击物的冲击和穿刺动能主要由帽壳承受。帽壳和帽衬之间留有一定空间，可缓冲、分散瞬时冲击力，从而避免或减轻对头部的直接伤害。冲击吸收性能、耐穿刺性能、侧向刚性、电绝缘性、阻燃性是对安全帽的基本技术性能的要求。

（2）日常维护与使用标准

安全帽日常维护与使用标准见表4—11。

11. 标志牌

安全标志牌是以红色、黄色、蓝色、绿色为主要颜色，辅以边框、图形符号或文字构成的标志，用于表达与安全有关的信息。

标志牌日常维护与使用标准见表4—12。

表4—11　　　　　　　　　安全帽日常维护与使用标准

日常检查标准	使用前检查标准	正确使用方法
存放在固定的放置地点，整齐、清洁、完整，数量齐全	使用前应进行外观检查，衬带和帽衬完好，并能起到防护作用	任何人进入生产现场（办公室、会议室、控制室、值班室和检修班组室除外），必须正确佩戴安全帽，帽带适度系紧

表4—12　　　　　　　　　标志牌日常维护与使用标准

日常检查标准	使用前检查标准	正确使用方法
标志牌分类放置、摆放整齐	表面清洁、字迹清晰	标志牌的悬挂拆除应按要求进行，不得随意移动和遮挡

12. 绝缘梯

绝缘梯采用高温聚合拉挤制造工艺，选用环氧树脂结合销棒技术制作而成。铝合金材料制件做了表面阳极氧化处理；轴类钢制件表面有防护镀层；绝缘层压类材料制件加工表面用了绝缘漆进行处理。梯撑、梯脚防滑设计不易疲劳，梯各部件外形无尖锐棱角，安全程度高，绝缘性能强；吸水力低，耐腐蚀。

绝缘梯日常维护与使用标准见表4—13。

表4—13　　　　　　　　　绝缘梯日常维护与使用标准

日常检查标准	使用前检查标准	正确使用方法
①梯子标志清晰（高度、荷重），固定脚胶套或胶垫完好。绝缘梯应具有优良的电气绝缘性能和较强的力学性能，耐腐蚀、防触电、防感应电、防误碰短路、防潮防湿，并至少能承受工作人员携带工具攀登时的总质量 ②人字梯铰接和限制开度的拉链坚固、完好 ③升降梯逆止卡扣、固定绳坚固、完好	①荷重及高度选择适当 ②到现场放置稳固进行试登，确认可靠后方可使用	①梯子与地面的斜角度为65度左右，工作人员必须登在距梯顶不少于2档的梯蹬上工作，有人在梯子上工作时应有人扶梯和监护，必要时还应进行绑固，不准以骑马方式在人字梯上作业 ②在变电站高压设备区或高压室内必须使用绝缘材料制作的梯子，禁止使用金属梯子。搬动梯子时，应放倒两人搬运，并与带电部分保持安全距离

13. 安全围栏

安全围栏可以分为软质围网和硬质围栏，围网分为普通的丙纶高强丝网和聚酯围网。

安全围栏日常维护与使用标准见表4—14。

表4—14　　　　安全围栏日常维护与使用标准

日常检查标准	使用前检查标准	正确使用方法
数量齐全，完好，保存在专用柜内或架上	网、绳完好，根据区域正确选择长度适合的围栏网	一张安全网不够大时可以拼接，按照"唯一道道"的原则设置安全网阶，设置高度控制在1.5~1.8米之间

14. 护目镜

所谓防护眼镜就是一种滤光镜，可以改变透过的光强和光谱。避免辐射光对眼睛造成伤害，最有效和最常用的方法是戴防护眼镜。这种眼镜可以吸收某些波长的光线，而让其他波长光线透过，所以都呈现一定的颜色，所呈现颜色为透过光颜色。

护目镜日常维护与使用标准见表4—15。

表4—15　　　　护目镜日常维护与使用标准

日常检查标准	使用前检查标准	正确使用方法
①护目镜应存放在专用的镜盒内，并放入专门工具柜内 ②护目镜镜面清洁，完好，数量齐全	护目镜镜面清洁，完好	装拆高压熔断设备、直流熔断设备应正确佩戴护目镜

第三节　电力系统灭火设施与器材

一、灭火器

灭火器是扑救初起火灾最实用、最有效的灭火器具。选择灭火器除应根据灭火器配置场所的火灾种类外，还要考虑灭火有效程度、对保护物品的无损程度、设置点的环境温度、使用灭火器的人员素质等因素。灭火器的种类很多，其用途也分很多种，盲目地选择灭火器有时候非但不能灭火，还可能起到反作用。下面就介绍灭火器的分类、几种常用灭火器原理、使用范围、使用方法及注意事项。

1. 灭火器的分类

按移动方式分为手提式和推车式；按驱动灭火剂的动力来源分为储气罐式、储压式和化学反应式；按所充装的灭火剂分为泡沫、干粉、卤代烷、二氧化碳、酸碱和清水。

2. 灭火器的原理及使用范围

灭火器的原理及使用范围见表4—16。

表4—16　　　　　　　灭火器的原理及使用范围

器具名称	灭火原理	适用范围
干粉灭火器	用干燥的 CO_2 或 N_2 作动力，将干粉从容器中喷出，形成粉雾喷射到燃烧区，以粉气流的形式扑灭火灾	扑救各种易燃、可燃液体和易燃、可燃气体火灾，以及电气设备火灾
泡沫灭火器	灭火时，能喷射出大量二氯化碳及泡沫，它们能黏附在可燃物上，使可燃物与空气隔绝，达到灭火的目的	扑救各种油类火灾、木材、纤维、橡胶等固体可燃物火灾
CO_2灭火器	灭火时，将液态二氧化碳喷出，有降温和隔绝空气的作用，灭火后不留痕迹	各种易燃、可燃液体、可燃气体火灾，还可扑救仪器仪表、图书档案、工艺器具和低压电气设备等的初起火灾

3. 使用方法

（1）干粉灭火器

干粉灭火器的使用方法如图4—5所示。使用方法：①去掉铅封；②拔掉保险销；③左手握着喷管，右手提着压把；④对着火焰根部喷射，并不断推前直至把火焰扑灭。

图4—5   干粉灭火器使用方法

注意事项：

1）选用与着火物质相适应的干粉灭火器。

2）喷射前最好将灭火器上下颠倒几次，使筒内干粉松动，但喷射时不能倒置。

3）动压把或拉动提环前一定要去掉保险装置。

4）用带喷射软管的灭火器（4千克以上）时，喷射前一定要一只手握住喷管的喷嘴或喷枪后，另一只手再打开释放阀。

5）灭火时要站在上风，开始时离火1～2米；干粉灭火器存放时不能靠近热源或日晒，注意防潮，定期检查驱动气体是否合格。

6）不要扑救电压超过5 000伏的带电物体火灾。

7）不宜用于精密电气设备的火灾。

（2）泡沫灭火器

泡沫灭火器的使用方法如图4—6所示。使用方法：①右手捂住喷嘴，左手执筒底边缘；②倒置灭火器，上下晃动几下，然后放开喷嘴；③右手抓住上部，左手抓住下部，把喷嘴朝向燃烧区，站在离火源8米的地方喷射，并不断推进，直至把火焰扑灭。

注意事项：

1）泡沫灭火器使用温度范围一般为4～55摄氏度，冬季应注意防冻。

图 4—6　泡沫灭火器使用方法

2）化学泡沫灭火器灭火时需倒置，其他水型和泡沫型灭火器不得倒置喷射。

3）泡沫灭火器的灭火剂使用年限不同，注意按灭火器说明定期检查更换灭火剂。

4）泡沫灭火器不能扑救带电物体的火灾。

5）不宜用于电气设备和精密金属制品的火灾。

（3）二氧化碳灭火器

二氧化碳灭火器使用方法与干粉灭火器的使用方法相同，注意事项如下：

1）灭火器在露天有风时灭火效果不佳。

2）喷射前应先拔掉保险装置再按下压把。

3）二氧化碳灭火器有效喷射距离较小，灭火时离火源不能过远。

4）喷射时手不要接触金属部分，以防冻伤，一般 2 米左右较好。

5）在较小的密闭空间或地下坑道喷射后，人要立即撤出，以防窒息。

6）灭火器存放时严禁靠近热源或日晒，定期检查，防止二氧化碳气体泄漏。

（4）推车式干粉灭火器

推车式干粉灭火器的结构类型、适用范围、维护保养等项与相应的手提式灭火器基本相似，从外形看，仅拖轮及拖架是附加的，以便于移动。推车式干粉灭火器的操作一般应由两人完成：一人操作喷枪接近火源扑灭火灾，另一人负责开启灭火器阀门并负责移动灭火器。使用前主要检查压力表，压力指针低于0.8兆帕时（指针已降到红色区域），应及时报相应部门回收，送维修单位充装维修。

二、消火栓

消火栓是连接消防供水系统的阀门装置，分室内消火栓和室外消火栓两种。消火栓的安装应符合国家的有关规定。为防止消火栓锈蚀，每月应对消火栓进行一次放水及水压试验。

三、水龙带

水龙带是连接消防泵（消火栓）和水枪等喷射装置的输水管线。常用的水龙带有内扣式和压簧式两种。水龙带平时应卷好存放在通风、阴凉、干燥、取用方便，环境温度在－10~45摄氏度的地方，防止腐烂。使用后，应铺平晒干后，卷好存放。

四、消防水枪

消防水枪是一种增强水流速度、射程和改变水流方向的消防灭火工具。根据水枪喷射的不同水流，分为直流水枪、开花水枪、喷雾水枪和开花直流水枪等。

它们的作用如下：

1. 直流水枪是用来喷射密集充实水流的水枪。

2. 开花水枪是用来喷射密集充实水流的水枪。它还可以根据灭火的需要喷射开花水，用来冷却容器外壁，阻隔辐射热，掩护灭火人员靠近着火点。

3. 喷雾水枪是在直流的枪口上安装一只双级离心喷雾头，使水流在离心力作用下，将压力水变成水雾。喷雾水枪喷出的雾状水流，适用于扑救油类火灾及浸油变压器、多油式断路器等电气设备火灾。

4. 开花直流水枪是一种可以喷射充实水流，也可以喷射伞形开花水流的水枪。

第四节　发电厂和变电站的防火与灭火

一、一般防火措施

电力生产企业必须按国家、部或本企业颁发、制定的有关安全生产的规程、制度执行，并加强生产设备的运行维护、检修管理和工作人员培训活动。凡新建、扩建和改建工程或项目的设计、施工应符合国家和部颁有关消防规定的要求，并经消防验收合格后方可投入生产。凡装潢的会议室、办公室及公共娱乐场所应符合有关消防规定，经消防部门批准后方可施工使用。发电厂、110千伏及以上变电所场地的重要道路应建成环形，并应有道路及主要建筑物与消防队连通。厂区内的道路应经常保持畅通。电力生产企业的建筑物、构筑物，其耐火等级、防火间距和安全出口等应符合现行的国家标准《建筑设计防火规范》（GB 50016—2014）的规定和要求。生产设备或场所应配备必要的消防设施，并根据需要配备合格的呼吸保护器。现场消防设施任何人不得以任何理由和借口移作他用。防火重点部位或场所应按国家、部颁有关规定装设火灾自动报警装置或固定灭火装置，并符合设计技术规定。一切重点防火部位禁止烟火，入口处应有明显标志，其他生产现场禁止吸烟。工作间断或结束时应清理和检查现场，消除火险隐患。现场如需使用电炉及加热器，必须经公司主管领导或有关部门批准，并加强管理。各类充油、储油设备不应渗、漏油。油管道连接应牢固严密，严禁使用塑料垫和橡胶垫。在高温附近的法兰盘或接头处，应装金属壳保护。热管道保温层应完整，当油渗入保温层时应及时更换处理。油管道附近的高温管道应包铁皮。油管应尽量不布置在高温蒸汽管道上方。排水沟、电缆沟、各类管沟等坑内不应有积油。电缆沟内不应有积水，电缆不应浸泡在水中。生产现场严禁存放易燃易爆物品。生产现场严禁存放超过规定数量的工作用油（一般工作用煤油不得超过10公斤）。生产现场需要使用的油类应盛放在金属密闭的容器内，并存放在可关闭的金属柜、箱内。不得用汽油洗刷机件和设备。不得用汽油、煤油洗手。各类废油应倒入指定的容器内，严禁随意倾倒。生产现场应配备有带盖的铁箱，以便放置擦拭材料，用过的擦拭材料应另放在废料箱内，每天定期消除。严禁乱扔油棉纱、包布等擦拭材料。生产现场各类制粉设备不应漏煤粉。对热管道，电缆及煤粉仓上部等部位的积粉应制定清扫周期，指定专人及时清扫。在高温设备、管道附近以及动火作业时间长且火灾危险性大的部位或场所宜搭建金属脚手架，搭建竹、木脚手架时必须采取切实有效的防火措施，工作结束后及时拆除。

二、一般灭火措施

现场发现火灾，当值值长必须立即组织人员扑救并拨打"119"通知消防队和有关部门领导，设有固定灭火装置的单位及部位和场所，应立即进行灭火。

火灾报警：①火灾地点（具体部位、场所及设备名称）；②火势情况（初起、发展、猛烈等阶段）；③燃烧物和大约数量；④报警人姓名及电话号码。

电气设备发生火灾时（包括电缆火灾）应首先报告当值值长，并立即将起火设备的电源切断，采取紧急隔停措施，避免设备进一步损坏。电气设备在进行灭火时，仅准许在熟悉该设备系统带电部分人员的指挥或带领下进行灭火，其他灭火人员在停电状态下才准许灭火。参加灭火的人员在灭火时应防止被火烧伤或吸入燃烧物所产生的气体引起中毒、窒息，还应防止引起爆炸。电气设备上灭火时还应防止触电，避免灭火人员伤亡。消防队未到达火灾现场前，临时灭火指挥人应由下列人员担任：

①运行设备火灾由当值值长（单元长、班长）担任。

②其他设备火灾时由现场负责人担任。

临时灭火指挥人应佩戴明显标志，统一指挥现场灭火工作。公司各级领导、防火责任人、后勤管理部人员、安监部门负责人在接到火灾报警后，必须立即奔赴火灾现场，组织灭火并做好火场的保卫工作。消防队到达火场时，临时灭火指挥人应立即与消防队负责人取得联系并交代失火设备现状和运行设备状况，然后协助消防负责人指挥灭火。生产设备火灾扑灭后必须保持火灾现场。全公司所有人员应熟悉常用灭火器材及本部门、本部位配置的各种灭火设施性能、布置和适用范围，并会使用。

消防设施的维护、检查、测试的周期、项目、方法以及使用方法和注意事项应符合生产厂的规定和要求，对移动式灭火器每半年检查一次，合格的贴合格证，失效的进行维修。消防设施放置或装设地点的环境条件必须符合要求，若不符合要求时，应采取相应的防冻、防潮或防高温措施。电气设备发生火灾时，禁止使用能导电的灭火器进行灭火。旋转电机发生火灾时，禁止使用干粉灭火器和干砂直接进行灭火。在水喷雾情况下，允许对发电机、变压器、油断路器及电缆设施用水灭火。

三、电气部分的防火与灭火

额定容量为 10 兆瓦及以上空冷发电机、水轮发电机应设水喷雾、卤代烷等固定式灭火装置。新建或扩建的单机容量为 200 兆瓦及以上的发电机的消防设施应能满足火灾初期发出警报，能进行火灾的集中监视及消防装置的远方和现场启动。水轮发电机的采暖取风口和补充空气的进口处应设置阻风门（防火阀），当发电机着火时应自动关闭。当发电机失火时，为了迅速限制火势发展，应迅速与系统解列，并立即用固定的灭火装置灭火。如果没有固定的灭火装置或灭火装置发生故障而不能使用时，应利用一切灭火设备来及时灭火，但不得用泡沫灭火器或用干砂灭火。当地面上有油类着火时，可使用干砂灭火，但注意不使干砂落到发电机或励磁机的轴承上。电动机的外围与建筑物或其他设备之间应留出净距不少于 1 米的通道。电动机与墙壁之间或成列装设的电动机，当一侧已有通道时，则另一侧的净距可不少于 0.3 米。电动机与低压配电设备的裸露带电部分的距离不得小于 1 米。当运行中的电动机发生燃烧时，应立即将电动机电源切断，并尽可能把电动机出入通风口关闭，然后才可用二氧化碳、1211 灭火器进行灭火，禁止使用泡沫灭火器及干砂灭火。无二氧化碳、1211 灭火器时，可用消火栓连接喷雾水枪灭火。

变压器容量在 120 兆伏安及以上时，宜设固定水喷雾灭火装置，缺水地区的变电所及一般变电所宜用固定的 1211、二氧化碳或排油充氮灭火装置。新建、扩建或改建的单机容量为 200 兆瓦及以上的发电厂，其主变压器和厂用高压变压器均应装设固定水喷雾灭火装置。水喷雾灭火装置应定期进行试验，使装置处于良好状态。油量为 2 500 公斤及以上的室外变压器之间，如无防火墙，则防火距离不应小于下列规定：35 千伏及以下为 5 米；63 千伏为 6 米；110 千伏为 8 米；220～500 千伏为 10 米。油量在 2 500 公斤及以上的变压器与油量在 600 公斤及以上的充油电气设备之间，其防火距离不应小于 5 米。若防火距离不能满足相应的规定时，应设置防火隔墙。防火隔墙应符合以下基本要求：①防火隔墙高度宜高于变压器油枕顶端 0.3 米，宽度大于储油坑两侧各 0.6 米，防火隔墙高度与宽度，应考虑变压器火灾时对周围建筑物损坏的影响；②防火隔墙与变压器散热器外缘之间必须有不少于 1 米的散热空间；③防火隔墙应达到国家一级耐火等级。室外单台油量在 1 000 公斤以上的变压器及其他油浸式电气设备，应设置储油坑及排油设施；室内单台设备总油量在 100 公斤以上的变压器及其他油浸式电气设备，应在距散热器或外壳 1 米周围砌防火堤（堰），以防止油品外溢。储油坑容积应按容纳 100% 设备油量或 20% 设备油量确定。当按 20% 设备油量设置储油坑，坑底应设有排油管，将事故油排入事故储油坑内。排油管内径不应小于 100 毫米，事故时应能迅速将油排出，管口应加装铁栅滤网。储油坑内应设有净距不大于 40 毫米的栅格，栅格上部铺设卵石，其厚度不小于 250 毫米，卵石粒径应为 50～80 毫米。当设置总事故油坑时，其容积应按最大一台充油电气设备的全部油量确定。当装设固定水喷雾灭火装置时，总事故油坑的容积还应考虑水喷雾水量而留有一定裕度。应定期检查和清理储油坑卵石层，以防被淤泥、灰渣及积土堵塞。变压器防爆筒的出口端应向下，并防止产生阻力，防爆膜宜采用脆性材料。室内的油浸变压器宜设置事故排烟或消烟设施。火灾时，送风系统应停用。室内（或洞内）变压器的顶部不宜敷设电缆。高层建筑内的电力变压器、消弧线圈等设备应布置在专用的房间内，外墙开门处上方应设置防火挑檐，挑檐的宽度不应小于 1 米，而长度为门的宽度两侧各加 0.5 米。室外变电站和有隔离油源设施的室内油浸设备失火时，可用水灭火；无放油管路时，则不应用水灭火。发电机变压器组中间无断路器，若失火，在发电机未停止惰走时，严禁人员靠近变压器灭火。互感器如发生故障停用时，应先停电后切除故障互感器，不宜直接去拉开故障互感器。

第四章思考题

1. 电力安全用具分为哪三大类？
2. 什么是绝缘基本安全用具？
3. 高压验电器的正确使用方法有哪些？
4. 什么是选择灭火器主要考虑的因素？
5. 防火墙应满足哪些基本要求？

第五章 典型电力安全生产事故与预防

第一节 电力系统发电环节安全生产电力事故

电力安全生产事故可以分为电力生产人身事故、电网事故、电力生产设备事故三大类。电力生产事故是电力企业的灾害，就事故发生所造成的后果和波及的程度来说，它会给个人、社会和国家造成巨大的损失和影响。本部分内容主要是介绍典型的安全生产事故案例与预防措施，通过案例来强化安全工作意识，落实事故的防范措施和强化遵守安全工作规程的能动性，真正做到"预防为主"，达到"保人身、保电网、保设备"的目的。

电力系统发电环节出现的安全事故主要是由于操作人员安全意识差、思想麻痹大意，在现场误操作引起的。

一、托克托电厂"10.25"三台机组跳闸事故

2005 年 10 月 25 日 13 时 52 分，内蒙古大唐托克托发电有限责任公司发生一起因天津维护人员作业随意性大、擅自扩大工作范围，危险点分析不足，误将交流电接入机组保护直流系统，造成运行中的三台机组、500 千伏两台联络变压器全部跳闸的重大设备事故。

1. 事故前后的运行状况

全厂总有功 1 639 兆瓦，#1 机有功：544 兆瓦；#2 机小修中；#3 机停备；#4 机有功：545 兆瓦；#5 机有功：550 兆瓦；托源一线、托源二线、托源三线运行；500 千伏双母线运行、500 千伏#1 联变、#2 联变运行；500 千伏第一串、第二串、第三串、第四串、第五串全部正常方式运行。事故时各开关动作情况：5011 分位，5012 分位，5013 在合位，5021 合位，5222 分位，5023 合位，5031、5032、5033 开关全部合位，5041、5042、5043 开关全部分

位，5051、5052、5053 开关全部分位；5011、5012、5022、5023、5043 有单相和两相重合现象。10 月 25 日 13 时 52 分 55 秒"500 kV Ⅰ BUS BRK OPEN""GEN BRK OPEN"软报警，#1 机组甩负荷，转速上升；发电机跳闸、汽机跳闸、锅炉 MFT 动作。发变组 A 屏 87G 动作，发电机差动、过激磁报警，厂用电切换成功；#4 机组 13 时 53 分，汽机跳闸、发电机跳闸、锅炉 MFT 动作。发电机跳闸油压低、定冷水流量低、失全部燃料。检查主变跳闸，起备变失电，快切装置闭锁未动作，6 千伏厂用电失电，各低压变压器高低压侧开关均未跳开，手动拉开；#5 机组 13 时 53 分，负荷由 547 兆瓦降至 523 兆瓦后，14 秒后升至 596 兆瓦协调跳。给煤机跳闸失去燃料 MFT 动作。维持有功 45 兆瓦，13 时 56 分汽包水位高，汽轮发电机跳闸，厂用电失去，保安电源联启。经过事故调查技术组初步确定事故原因和现场设备试验后，确认主设备没有问题，机组可以运行后，经请示网调许可，#4 机组于 26 日 16 时 43 分并网，#5 机组于 28 日 15 时 9 分并网，#1 机组于 28 日 15 时 15 分并网。

2. 事故经过

化学运行人员韦某等在进行 0.4 千伏 PC 段母线倒闸操作时，操作到母联开关摇至"实验"位的操作项时，发现母联开关"分闸"储能灯均不亮，联系天津维护项目部的冯某处理，13 点 40 分左右天津维护冯某在运行人员的陪同下检查给排水泵房 0.4 千伏 PC 段母联开关的指示灯不亮的缺陷，该母联开关背面端子排上面有 3 个电源端子排（带熔断器 RT14 - 20），其排列顺序为直流正、交流电源（A）、直流负，由于指示灯不亮冯某怀疑是电源有问题并且不知道中间端子是交流，于是用万用表（直流电压挡）测量三个端子中间的没有电（实际上此线为交流电，此方式测量不出电压），其他两个端子有电，于是冯某简单认为缺陷与第二端子无电有关，于是便用外部短路线将短路线（此线在该处把内悬浮两端均未接地）一端插接到第三端子上（直流负极），另一端插到第二端子上（交流 A）以给第二端子供电并问运行人员盘前指示灯是否点亮，结果还是不亮（实际上这时已经把交流电源接入网控的直流负极，造成上述各开关动作，#1、#4 机组同时跳闸，#5 机组随后跳闸），冯某松开点接的第二端子时由于线的弹性，该线头碰到第一端子（直流正极）造成直流短路引起弧光将端子排烧黑，冯某将端子排烧黑地方简单处理一下准备继续检查，化学运行人员听到有放电声音，并走近看到有弧光迹象便立即要求冯某停止工作，如果进行处理必须办理工作票，此时化学运行人员接到有机组跳闸的信息，便会同维护人员共同回到化学控制室。

3. 原因分析

（1）技术组专家通过对机组跳闸的各开关动作状态及相关情况进行综合分析，初步推断为直流系统混入交流电所致。经在网控 5052 开关和 5032 开关进行验证试验。试验结果与事故状态的开关动作情况相一致。确定了交流串入直流系统是造成此次事故的直接（技术）原因。

（2）天津维护人员工作没有携带端子排接线图，对端子排上的接线方式不清楚，危险点分析不足、无票作业，凭主观想象，随意动手接线，是造成此次事故的直接原因。

4. 事故暴露的主要问题

（1）天津蓝巢电力检修公司工作人员检修安全及技术工作不规范，技术水平低，在处理给排水泵房 0.4 千伏 PC 段母联开关的指示灯不亮的缺陷时，使用万用表的直流电压挡测量接线端子的交流量，并短接端子排接线，使交流接入网控直流控制回路，最终造成此次事故。

（2）天津蓝巢电力检修公司的安全管理、技术管理存在漏洞，工作人员有规不循，安全意识薄弱，检查缺陷时未开工作票，没有监护人，对检修工作中的危险点分析有死角；对设备系统不熟悉，在二次回路上工作未带图样核对，人员培训存在差距。天津蓝巢电力检修公司安全生产责任制落实存在盲点。

（3）托克托电厂在对外委单位管理存在差距，对外委单位工作人员的安全及技术资质审查不力，未尽到应有的职责，未对其进行必要的安全教育培训，对外委单位人员作业未严格把关，未严格执行生产上的相关规定。

（4）直流系统设计不够完善。此接线端子的直流电源由500千伏#1网控的直流电源供给，网控直流接引到外围设备（多台机组、网控保护直流与外围附属设备共用一套直流系统），交直流端子交叉布置并紧挨在一起，存在事故隐患，使得直流系统的本质安全性差，抵御直流故障风险的能力薄弱。

（5）托克托电厂存在盘柜接线不合理以及遗留短接线等问题未及时发现并未及治理，反映出设备管理不到位。虽然已经制定了防止500千伏系统全停的措施并下发，对交直流不能混用的问题已经列为治理项目，但工作责任分解还未完成，未将生产现场所有可能引起交流串入直流的具体检修作业点进行分析，反映出基础工作薄弱。

（6）在运行人员带领下维护人员检查确认缺陷时，运行人员对维护人员的工作行为没有起到监督作用，运行人员对电气专业工作规范不清楚，对管辖设备基本工作状态不清，充分说明运行人员的自身学习与培训教育工作不到位。

5. 防范措施

（1）托电公司对在生产、基建现场直流系统进行摸底检查，从设计、安装、试验、检修管理上查清目前全厂直流系统的状况，分系统、分等级对交流可能串入直流系统及造成的影响进行危险点分析及预控制，制定出涉及在直流系统上工作的作业指导书。

（2）交直流电源在同一盘柜中必须保证安全距离、隔离措施到位，交流在上，直流在下，且有明显提示标志，能立即改造的及时进行改造，不能改造的做清标记、做好记录，避免交流串入直流。组织所有电气和热工人员包括外来维护人员、运行人员，认真学习交流串入直流回路造成保护动作的机理和危害的严重性，要大力宣传保证直流系统安全的重要性和严肃性。

（3）加强直流系统图册管理，必须做到图样正确、完整，公司、部门、班组要按档案管理的标准存档，有关作业人员要人手一册。

（4）凡是在电气二次或热工、热控系统回路上的工作，必须使用图样，严格对照图样工作，没有图样严禁工作，违者按"违章作业"给予处罚。

（5）在热工和电气二次回路上工作（包括检查），必须办理工作票，做好危险点分析预防措施，在现场监护下工作。进行测量、查线、倒换端子等二次系统工作逐项监护，防止出错。

（6）加强检修电源的使用和管理。在保护室、电子间、控制盘、保护柜等处接用临时工作电源时必须经公司审批，措施到位后方可使用。在上述区域任何施工用电一律从试验电源插座取用，工作票上要注明电源取自何处。

（7）检查各级直流保险实际数值的正确性，接触的良好性，真正做到逐级依次向下，防止越级熔断，扩大事故。

（8）对网控等主机保护直流接到外围设备的情况进行排查，发现问题要安排整改。

（9）各单位、部门再次检查安全生产责任制是否完善，每一项工作、每台设备是否都已明确到人，尤其是公用外围系统化学、输煤、除灰、水厂等系统的管理，避免存在死角。

（10）托电公司各部门加强对外委单位（包括短期的小型检修、施工，长期的检修维护、运行支持）的全过程管理，对外委单位安全及技术资质、对其作业的安全措施、人员的安全技术水平进行严格审查，进行必要的安全教育培训并要求其考试合格后上岗。各部门严格履行本部门、本岗位在外委单位安全管理的职责。不能以包代管，以同代考。对其安全及技术资质一定要进行严格审查，并进行必要的安全教育培训及考核。同时，对于每一项外包工程作业，必须派出专职的安全监护人员，全程参与其作业过程。

（11）要严格履行两票管理规定，杜绝人员违章，从危险预想、写票、审票、布置安全措施、工作票（操作票）执行等各环节严格把关，严禁以各种施工通知、文件、措施来代替必要的工作票制度，严禁任何人员无票作业或擅自扩大工作范围。对五防闭锁装置进行一次逻辑疏理，发现问题及时整改。

二、乌石化热电厂 3 号汽轮发电机组 "2. 25" 特别重大事故

1. 事故经过

1999 年 2 月 25 日，乌石化热电厂汽机车间主任薛某、副主任顾某与汽机车间 15 名工人当班，其中 3 号汽机组由司机曹某、副司机黄某和马某值班。凌晨 1 时 37 分 48 秒，3 号发电机—变压器组发生污闪，使 3 号发电机组跳闸，3 号机组电功率从 41 兆瓦甩到零。汽轮机抽汽逆止阀水压联锁保护动作，各段抽汽逆止阀关闭。转速飞升到 3 159 转每分钟后下降。曹某令黄某到现场确认自动主汽门是否关闭，并确认转速。后又令马某启动交流润滑油泵检查。薛某赶到 3 号机机头，看到黄某在调整同步器。薛某检查机组振动正常，自动主汽门和调速汽门关闭，转速为 2 960 转每分钟，认为是污闪造成机组甩负荷，就命令黄某复位调压器，自己去复位同步器。由办公室赶至 3 号机控制室的顾某，在看到 3 号控制屏光字牌后（3 号机控制盘上光字牌显示 "发电机差动保护动作" 和 "自动主汽门关闭"），向曹某询问有关情况，同意维持空转、开启主汽门，并将汽机热工联锁保护总开关切至 "退除" 位置。随后顾某又赶到 3 号机机头，看到黄某正在退中压调压器，就令黄某去复位低压调压器，自己则复位中压调压器。黄某在复位低压调压器时，出现机组加速，机头颤动，汽轮机声音越来越大等异常情况（事后调查证实是由于低压抽汽逆止阀不起作用，造成外管网蒸汽倒流引起汽轮机超速的）。薛某看到机组转速上升到 3 300 转每分钟时，立即手打危急遮断器按钮，关闭自动主汽门，同时将同步器复位，但机组转速仍继续上升。薛某和马某又数次手打危急遮断器按钮，但转速依然飞速上升，在转速达到 3 800 转每分钟时，薛某下令撤离，马某在撤退中，看见的转速为 4 500 转每分钟。1 时 40 分左右，3 号机组发生超速飞车。随即一声巨响，机组中部有物体飞出，保温棉渣四处散落，汽机下方及冷油器处起火。乌石化热电厂领导迅速赶至现场组织事故抢险，并采取紧急措施对热电厂的运行设备和系统进行隔离。于凌晨 4 时 20 分将火扑灭，此时，汽轮机本体仍继续向外喷出大量蒸汽，当将 1. 27 兆帕抽汽外网的电动门关闭后，

蒸汽喷射随即停止。

2. 事故原因

（1）1.27兆帕抽汽逆止阀阀碟铰制孔螺栓断裂使阀碟脱落，抽汽逆止阀无法关闭是机组超速飞车的主要直接原因。

（2）运行人员在发电机差动保护动作后，应先关闭抽汽电动门后解列调压器，但由于制造厂资料编制的规程有关条款模糊不清，未明确上述操作的先后顺序，造成关闭抽汽电动门和解列调压器的无序操作，是机组超速飞车的次要直接原因。

（3）在事故处理中，司机曹某在关闭抽汽电动门时没有确认阀门关闭情况，低压抽汽系统实际处于开启状态，使之与阀碟脱落的低压蒸汽逆止阀形成通道，是1.27兆帕抽汽倒流飞车的间接原因。

3. 原因分析

（1）通过对事故当事人的调查表明，3号机超速飞车是发生在复位低压调压器时。根据对1.27兆帕抽汽逆止阀解体检查和鉴定结果证实：抽汽逆止阀铰制孔螺栓断裂，阀碟脱落，致使该逆止阀无法关闭。证实3号机超速飞车是由于逆止阀无法关闭，造成1.27兆帕蒸汽倒汽引起。

1）机组在保护动作后，自动主汽门、调速汽门关闭，转速升到3 159转每分钟后，最低转速降至2 827转每分钟，历时约3分钟，这说明自动主汽门、调速汽门是严密的，该调节系统动作正常。

2）发电机差动保护动作，机组转速上升到3 159转每分钟，后降至最低2 827转每分钟；机组挂闸，开启自动主汽门，此时同步器在15.6毫米，高压调速汽门没有开启，解列调压器，转速飞升到3 300转每分钟；打闸后，自动主汽门关闭，转速仍继续上升，最后可视转速为4 500转每分钟；经现场确认：自动主汽门和高压调速汽门关闭严密。说明主汽系统对机组超速没有影响。

3）通过现场设备解体检查确定：4.02兆帕抽汽逆止阀严密。4.02兆帕蒸汽无法通过中压抽汽管道返汽至汽轮机。其他各段抽汽逆止阀经检查和鉴定均关闭严密。

（2）运行人员在发电机差动保护动作自动主汽门关闭后，未先确认抽汽电动门关闭就解列调压器，中压调速汽门和低压旋转隔板开启，因低压抽汽逆止阀无法关闭，致使 1.27 兆帕抽汽倒汽至低压缸中造成机组超速飞车。

1）乌石化热电厂标准化委员会发布的《CC50—8.83/4.02/1.27 型汽轮机运行规程》规定，发电机差动保护动作，发电机故障跳闸和汽轮机保护动作时，应依照 7.12 款 7.12.2 条执行，按故障停机处理。故障停机处理步骤依照 7.1.3 款执行。该 7.1.3.7 规定，停止调整抽汽，关闭供汽门，解到列、低调压器。

2）乌石化热电厂标准化委员会发布的《CC50—8.83/4.02/1.27 型汽轮机启动运行规程》规定，汽轮发电机组负荷用到零以后，调节系统不能维持空负荷运行，危急遮断器动作时，应依照 7.10.1 款 7.10.1.2 条中 d 项执行，解列中、低压调压器，关闭供汽门。此时，汽轮发电机组的状况与发电机差动保护动作后汽轮发电机组的状况完全相同，但《CC50—8.83/4.02/1.27 型汽轮机运行规程》中的处理规程却与之相抵触。

3）哈尔滨汽轮机有限责任公司为乌石化热电厂提供的《CC50—8.83/4.02/1.27 型汽轮机运行维护说明书/112.003.SM》，对关闭供热门和解列中、低压调压器这两项操作的顺序未做出说明。

4）当发电机差动保护动作、发电机出口油开关跳闸时，电磁解脱阀动作，危急遮断滑阀动作，泄去自动关闭器油，自动主汽门关闭。综合滑阀 NO.1 下一次脉动油泄去，增大高、中、低压油动机错油门下三路二次脉动油的泄油口。同时，由于发电机出口油开关跳闸，超速限制滑阀动作，直接泄去高、中、低压油动机错油门下三路二次脉动油使高、中、低压油动机加速关闭，以防止甩负荷时机组动态超速过大，使机组能可靠地维持空转。超速限制滑阀动作约三秒后自动恢复原位。与此同时，调压器切除阀也接受油开关跳闸信号而动作，泄去 NO.2、NO.3 综合滑阀下脉冲油压，使其落至下止点，从而增大高压油动机滑阀下脉冲油排油口，高压油动机得以迅速关闭，有效地消除了调压器在甩负荷时出现的反调作用。但同时也减少了低压油动机下二次脉动油的泄油口和上述综合滑阀NO.1增大低压油动机错油门下二次脉冲油的泄油口的作用恰好相反。然而，哈尔滨汽轮机有限责任公司提供的《CC50—8.83/4.02/1.27型汽轮机调节保安系统说明书/112.002.SM》未对此做出说明，导致无法对低压旋转隔转板此时的启闭状态进行确认，给使用单位乌石化热电厂的有关人员判定上述情况下低压旋转隔板的启闭状态造成困难，在编制该型汽轮机运行规程中针对上述情况进行事故处理的有关条款时，误认为低压旋转隔板处于开启状态，因而无须对关闭电动抽汽门和解列调压器这两项操作规定先后顺序，给编制该型汽轮机运行规程造成误导。当发电机甩负荷时，汽轮机调节系统不能维持空负荷运行，危急遮断器动作时，也存在同样的问题。

5）乌石化热电厂标准化委员会在编写发布《CC50—8.83/4.02/1.27型汽轮机运行规程》时，编写、审核和批准等有关人员未就哈尔滨汽轮机有限责任公司提供的《CC50—8.83/4.02/1.27型汽轮机启动维护说明书/112.003.SM》和《CC50—8.83/4.02/1.27型汽轮机调节保安系统说明书//112.002.SM》上述内容向哈尔滨汽轮机有限责任公司提出疑义。

（3）3号机低压抽汽逆止阀因铰制孔螺栓断裂阀碟脱落，使1.27兆帕外网蒸汽通过低压抽汽管道返到低压缸中，这是导致机组超速飞车的主要直接原因。在中低压调压器复位后，即机组在纯凝工况下，手打危急遮断器时，只能使自动主汽门和高压调速汽门关闭，中压调速汽门和低压旋转隔板不能关闭，无法将返汽量限制至最小，因而不能避免机组超速飞车。

（4）司机曹某在出现"发电机差动保护动作"和"自动主汽门关闭"信号后，进行停机操作。在DCS画面上关闭各段抽汽电动门，但没有对电动门关闭情况进行确认，使1.27兆帕蒸汽倒流至汽轮机低压缸成为可能（实际事故中1.27兆帕抽汽三个电动门均在开启状态）。

（5）副司机黄某没有准确地向汽机车间主任薛某反映机组的真实情况。

（6）汽机车间主任薛某和运行副主任顾某在事故发生时及时赶到现场是尽职尽责的行为，但违章代替司机与副司机操作，造成关闭抽汽电动门和解列调压器的无序操作。

第二节 电力系统输变电环节 安全生产电力事故

在电力系统变电环节中存在的安全事故主要是工作人员安全意识、技术素质不到位造成的，同时操作设备的定时检修和替换也是防止此类事故发生的重要途径。在输电环节，工作人员应严格按照相关规定进行操作，防止意外情况发生。

一、国网上海电力 220 千伏同济变电站人身触电事故

2013 年 10 月 19 日，国网上海电力检修公司在进行 220 千伏同济变电站 35 千伏开关柜大修准备工作时，发生人身触电事故，造成 1 人死亡、2 人受伤。

1. 事故前运行方式

事故前，220 千伏同济变电站 35 千伏三段母线、2 号主变 35 千伏三段开关在检修状态，2 号主变及 35 千伏四段开关在运行状态，2 号主变 35 千伏三段开关变压器侧带电。35 千伏备 24 柜开关线路检修，2 号站用变检修，35 千伏三段母线上其他回路均为冷备用，35 千伏一段、二段、四段母线及出线在运行状态，35 千伏一/四分段开关在热备用状态、35 千伏二/三分段开关在冷备用状态。

2. 事故经过

10 月 19 日，国网上海电力检修公司变电检修中心变电检修六组组织厂家对 220 千伏同济变电站 35 千伏开关柜做大修前的尺寸测量等准备工作，当日任务为"2 号主变 35 千伏三段开关柜尺寸测绘、35 千伏备 24 柜设备与母线间隔试验、2 号站用变回路清扫"。工作班成员共 8 人，其中国网上海电力检修公司 3 人，卢某

（伤者）担任工作负责人；设备厂家技术服务人员陈某、林某（死者）、刘某（伤者）等 5 人，陈某担任厂家项目负责人。

9 时 25 分至 9 时 40 分，国网上海电力检修公司运行人员按照工作任务要求实施完成以下安全措施：合上 35 千伏三段母线接地手车、35 千伏备 24 线路接地刀闸，在 2 号站用变 35 千伏侧及 380 伏侧挂接地线，在 35 千伏二/三分段开关柜门及 35 千伏三段母线上所有出线柜加锁，挂"禁止合闸，有人工作"牌，邻近有电部分装设围栏，挂"止步，高压危险"牌，工作地点挂"在此工作"牌，对工作负责人卢某进行工作许可，并强调了 2 号主变 35 千伏三段开关柜内变压器侧带电。

10 时左右，工作负责人卢某持工作票召开站班会，进行安全交底和工作分工后，工作班开始工作。在进行 2 号主变 35 千伏三段开关柜内部尺寸测量工作时，厂家项目负责人陈某向卢某提出需要打开开关柜内隔离挡板进行测量，卢某未予以制止，随后陈某将核相车（专用工具车）推入开关柜内打开了隔离挡板，要求厂家技术服务人员林某留在 2 号主变 35 千伏三段开关柜内测量尺寸。

10 时 18 分，2 号主变 35 千伏三段开关柜内发生触电事故，林某在柜内进行尺寸测量时，触及 2 号主变 35 千伏三段开关柜内变压器侧静触头，引发三相短路，2 号主变低压侧、高压侧复压过流保护动作，2 号主变 35 千伏四段开关分闸，并远跳 220 千伏浏同 4244 线宝浏站开关，35 千伏一/四分段开关自投成功，负荷无损失。林某当场死亡，在柜外的卢某、刘某受电弧灼伤。2 号主变 35 千伏三段开关柜内设备损毁，相邻开关柜受电弧损伤。

3. 事故原因及暴露问题

（1）现场作业严重违章。在 2 号主变带电运行、进线开关变压器侧静触头带电的情况下，现场工作人员错误地打开 35 千伏三段母线进线开关柜内隔离挡板进行测量，触及变压器侧静触头，导致触电事故，暴露出工作负责人未能正确安全地组织工作，现场作业人员对设备带电部位、作业危险点不清楚，作业行为随意，现场安全失控。

（2）生产准备工作不充分。国网上海电力检修公司在作业前未与设备厂家进行充分有效的沟通，对设备厂家人员在开关柜测量的具体工作内容、工作方法了解不充分，现场实际工作内容超出了安全措施的保护范围，而且对进入生产现场工作的外来人员安全管理不到位，没有进行有效的安全资质审核，生产管理和作业组织存在漏洞。

（3）风险辨识和现场管控不力。事故涉及的工作票上电气接线图中虽然注明了带电部位，但工作票"工作地点保留带电部分"栏中，未注明开关柜内变压器侧为带电部位，暴露出工作票审核、签发、许可各环节把关不严。工作负责人未能有效履行现场安全监护和管控责任，对不熟悉现场作业环境的外来人员，没能针对性地开展安全交底，未能及时制止作业人员不安全行为。

二、河北衡水供电公司 220 千伏衡水变电站 35 千伏带地线送电事故

1. 事故描述

衡水站 35 千伏配电设备为室内双层布置，上下层之间有楼板，电气上经套管连接。2009 年 2 月 27 日，进行#2 主变及三侧开关预试，35 千伏 II 母预试，35 千伏母联开关的 301 - 2 刀闸检修等工作。工作结束后在进行"35 千伏 II 母线由检修转运行"操作过程中，21 时 7 分，两名值班员拆除 301 - 2 刀闸母线侧地线（编号#20），但并未拿走而是放在网门外西侧。21 时 20 分，另两名值班员执行"35 千伏母联 301 开关由检修转热备用"操作，在执行 35 千伏母联开关 301 - 2 刀闸开关侧地线（编号#15）拆除时，想当然认为该地线挂在 2 楼的穿墙套管至 301 - 2 刀闸之间（实际挂在 1 楼的 301 开关与穿墙套管之间），即来到位于 2 楼的 301 间隔前，看到已有一组地线放在网门外西侧（由于楼板阻隔视线，看不到实际位于 1 楼的地线），误认为应该由他们负责拆除的#15 地线已拆除，也没有核对地线编号，即输入解锁密码，以完成五防闭锁程序，并记录该项工作结束，造成 301 - 2 刀闸开关侧地线漏拆。21 时 53 分，在进行 35 千伏 II 母线送电操作，合上#2 主变 35 千伏侧

312 开关时，35 千伏 II 母母差保护动作跳开 312 开关。

2. 事故原因及暴露问题

（1）现场操作人员在操作中未核对地线编号，误将已拆除的 301 - 2 母线侧接地线认为是 301 - 2 开关侧地线，随意使用解锁程序，致使挂在 301 - 2 刀闸开关侧的#15 接地线漏拆，是造成事故的直接原因。

（2）设备送电前，在拆除所有安全措施后未清点接地线组数，也没有到现场对该回路进行全面检查，把关不严，是事故发生的主要原因。

（3）该站未将跳步密码视同解锁钥匙进行管理，致使值班员能够随意使用解锁程序，使五防装置形同虚设，是事故发生的又一重要原因。

（4）操作票上未注明地线挂接的确切位置，未能引导另外一组工作人员到达地线挂接的准确位置；由于楼板阻隔视线，看不到实际位于 1 楼的地线，加之拆除的 301 - 2 刀闸母线侧地线没有拿走，而且就放在网门前，造成了后续操作人员判断失误，是事故发生的重要诱因。

3. 防范措施

（1）严格执行防止电气误操作安全管理有关规定，加强倒闸操作管理，严格执行"两票三制"，严肃倒闸操作流程，按照操作顺序准确核对开关、刀闸位置及保护压板状态。

（2）认真执行装、拆接地线的相关规定，做好记录，重点交代。

（3）严格解锁钥匙和解锁程序的使用与管理，杜绝随意解锁、擅自解锁等行为。

（4）加大对作业现场监督检查力度，确保做到人员到位、责任到位、措施到位、执行到位。

三、天津高压供电公司 500 千伏吴庄变电站误操作事故

1. 事故描述

2009 年 2 月 10—11 日吴庄变电站按计划进行#4 联变综合

检修，11 日 16 时 51 分，综合检修工作结束，向华北网调回令。华北网调于 17 时 11 分向吴庄站下令，对#4 联变进行复电操作。吴庄站执行本次操作任务，操作人杨某，监护人韩某，值班长刘某。吴庄站值班人员进行模拟操作后正式操作，操作票共 103 项。17 时 56 分，在操作到第 72 项"合上 5021 - 1"时，5021 - 1 隔离开关 A 相发生弧光短路，500 千伏 - Ⅰ母线母差保护动作，切除 500 千伏 - Ⅰ母线所联的 5011、5031、5041 三开关。

检查一次设备：5021 -17A 相分闸不到位，5021 -17A 相动触头距静触头距离约 1 米。5021 - 1 隔离开关 A 相均压环和触头有放电痕迹，不影响设备运行，其他设备无异常。经与华北网调沟通，20 时 37 分华北网调同意进行复电操作，23 时 8 分操作完毕。事故未造成少发、少送电量。

2. 事故原因及暴露问题

（1）5021 -1、5021 -17 刀闸为一体式刀闸。本次事故直接原因是操作 5021 -17 刀闸时 A 相分闸未到位，操作人员未对接地刀闸位置进行逐相检查，未能及时发现 5021 -17 刀闸 A 相未完全分开，造成 5021 -1 隔离开关带接地刀合主刀，引发 500 千伏 - Ⅰ母线 A 相接地故障。

（2）操作人员责任心不强，未严格执行《变电站标准化管理条例》中倒闸操作"把六关"规定（把六关中质量检查关规定：操作完毕全面检查操作质量）。

（3）5021 -1、5021 -17 刀闸 A 相操作机构卡涩，发生 5021 - 17 的 A 相分闸未到位现象，造成弧光短路。刀闸为沈阳高压开关厂 2004 年产品，型号 GW6 -550 ⅡDW。

（4）5021 -1、5021 -17 为一体式隔离开关。5021 -1 与 5021 - 17 之间具有机械联锁功能，联锁装置为"双半圆板"方式。后经检查发现#5021 -1A 相主刀的半圆板与立操作轴之间连接为电焊连接，由于在用电动操作 5021 -1 隔离开关时，电动力大于半圆板焊接处受力，致使开焊，造成机械闭锁失效。

3. 防范措施

（1）开展安全检查，检查梳理防误操作有关规定是否落实了上级要求；检查防误闭锁装置存在的问题；检查防误有关规定落实情况等。

（2）进行防误操作专项督查，检查各变电站执行操作把关制度情况，执行"安规"中倒闸操作制度情况。

（3）结合大小修对同类型隔离开关加强机构传动工作，防止类似问题重复发生。

第三节　电力系统用电环节安全生产电力事故

电力系统的用电环节乃是电力安全的重中之重，实际上由于用电人的安全意识严重缺乏造成的安全事故数不胜数。

一、无保护接地或接零措施导致的触电死亡事故

1. 事故经过

陈某上班后清理场地，由于电焊机绝缘损坏使外壳带电，从而与其在电气上联成一体的工作台也带电，当陈某将焊接好的钢模板卸下来时，手与工作台接触，即发生触电事故，将陈某送往医院后，经抢救无效死亡。

2. 原因分析

（1）由于电焊机的接地线过长，在前一天下班清扫场地时被断开，电焊机绝缘损坏，外壳带电，所以造成单相触电事故。

（2）电气管理不严，缺乏定期检查。

3. 事故教训及防范措施

（1）接地或接零线是保证用电人员安全的生命线。当移动电器外壳带电时，若采用了保护接地或保护接零，就能使线路上的漏电保护器、自动开关或熔断器动作或熔断，自动脱离电源，从而保证人身安全。

（2）在安装漏电保护器后的移动电器和线路也不能撤掉保护接地或保护接零的措施。

二、带电搬移电气设备触电事故

1. 事故经过

2007 年 5 月的某天，某队工作面延伸，对电气设备进行搬移，经班会安排电工张某和李某负责电气设备的搬移工作。电工张某和李某在没有停电的情况下就往前拽电缆，这时跟班队长从旁边经过，问停电了没有，张某说："没事儿。"于是接着往前搬移，当把设备搬移到位，开始挂电缆时，由于电缆有外伤，把正在挂电缆的李某电到，造成事故。

2. 事故原因分析

（1）电工张某和李某安全意识淡薄，没有停电就进行开关搬移，并且不听劝阻，严重违反操作规程，是造成事故的直接原因。

（2）跟班队长发现张某和李某违章，没有及时强行制止，现场安全管理不到位，是造成事故的间接原因。

3. 事故责任划分

（1）电工张某和李某违章带电搬移设备，对事故负直接责任。

（2）跟班队长发现违章没有及时制止，对事故负主要责任。

（3）队长负领导责任，书记负安全教育不到位责任。

4. 事故防范措施

（1）在进行检修或搬迁电气设备前必须切掉电源。

（2）井下施工必须制定详细的施工安全技术措施。

（3）加强业务技能学习，提高自身素质。

（4）加强互保联保以及自主保护意识。

三、带电作业触电事故

1. 事故经过

2007 年 11 月 13 日，王某发现单位会议室日光灯有两个不亮，于是自己进行修理。他将桌子拉好，准备将日光灯拆下检查是哪里出了毛病，在拆日光灯过程中，用手拿日光灯架时手接触到带电相线，被电击，由于站立不稳，从桌子上掉了下来。

2. 事故原因分析

（1）王某安全思想意识淡薄，维修电器时没有采取必要的防范措施，带电作业，也没有使用任何工具，是造成事故的直接原因。

（2）王某独自操作，没有人监护，是事件发生的间接原因。

3．事故责任划分

（1）王某安全意识淡薄，在没有维修工具且带电的情况下维修日光灯，对事故负主要责任。

（2）单位会议室内日光灯损坏，领导没有及时发现并联系服务公司维修，对事故负领导责任。

4．事故防范措施

（1）加强对安全知识的学习，提高安全意识。

（2）操作、维护电气线路及设备时，要严格执行停送电制度。

（3）正确使用防护用品、工具，不独立作业，要做到"一人监护、一人作业"。

四、违章操作造成触电死亡事故

1．事故经过

2006年6月16日下午7时15分某公司车间B线白班生产已经结束，当日洗瓶机生产结束时间为18时14分，装箱机结束时间为19时10分，该线维修班已全面进入各机台清理卫生和设备维护、保养阶段。因为根据生产部安排该线夜班生产于20时整开始，故留给维修班的工作时间较短。维修班长根据车间要求安排维修电工李某到该线洗瓶机前捡烂口瓶岗位安装一台挂壁式风扇。该风扇的悬挂固定装置在安装之前已经安装好，故本次安装只需将风扇电源线接通即可使用。该名电工到达作业现场后先将风扇挂在固定座上，由于装设风扇的输瓶线离地面高约1.55米，再加上装设风扇的固定座，总的高度约1.85米，要顺利操作必须登高，而装风扇的岗位处正好有一只铁座椅，而其踏脚座离地面也只有30厘米左右，于是该电工便站在座椅的踏脚座上进行操作。由于控制电源离操作位置相对较远，该电工为图方便便在该岗位的检验灯上面没有停电而直接跨接电源线，在操作时造成触电，由于倒地时其头部后脑勺着地造成致命伤害，经抢救无效死亡。

2．事故原因分析

（1）操作工在带电跨接电源线过程中，手部碰及裸露的电线而发生触电，是造成这起事故的直接原因。

（2）操作工在工作中违反《安全操作规程》和安全用电的有关要求，没有及时停电而违规带电操作，同时在操作中没有按要求穿绝缘鞋是造成这起事故的主要原因。

（3）现场安全管理存在漏洞，对员工安全教育不够，是造成这起事故的管理原因。

五、非电工私自接线事故

1．事故经过

1987年8月15日8时45分在某电厂工程施工现场，班长对民工党某说，等一会接电源时去找电工。但党某没有找电工，而是私自给移动式铁壳电源箱接线。当其一手扶电源箱壳体，一手插振捣器插头时，因箱体带电，触电跌倒，面部朝上，脚穿布鞋，躺在刚下过雨的地上，电源箱压在其胸部。党某因触电时间过长，经抢救无效死亡。

2．事故原因分析

（1）党某不听班长指挥，违章作业，非电工私自接线，把从铁壳电源线上引出的黑色（电工为零线做有标记）零线错误地接到"C"相火线上，造成铁质移动式电源线外壳带电，是事故发生的直接原因。

（2）对民工安全教育不够，要求不严，是事故发生的原因之一。

3．预防措施

（1）严格施工用电管理，非电工不得从事电气作业。

（2）加强安全思想教育和劳动纪律教育。

第四节　电力事故预防

一、电力事故预防基础

1．安全组织措施与技术措施

电力企业进行任何工程施工、设备安装、调试、启动、检修等工作，均应制定保证工作安全的三大措施，即组织措施、技术措施和安全措施。

（1）组织措施

组织措施是指保证组织机构及工作过程中必须遵守的各项规章制度。保证安全的组织措施：操作票制度；工作票制度；工作许可制度；工作监护制度；工作间断、转移和终结制度及恢复送电制度。

（2）技术措施

技术措施包括必须执行的有关规程制度的条款（含工艺要求）和必须实施的具体技术措施两类。必须执行的规程制度有施工作业指导书、检修管理制度、操作程序等。必须实施的具体技术措施，如保证安全的技术措施：停电、验电、接地、悬挂标志牌和装设遮拦。

（3）安全措施

1）在工程、作业的三大措施中，安全措施主要指大的方面，如"两票三制"、安全防护措施、动力作业要求、现场防火措施、施工作业范围等。

2）施工前必须执行的具体安全措施，如发电厂、电力线路第一种工作票必须执行的安全措施，热力机械工作票必须采取的安全措施。

3）施工作业人员应执行的安全措施，如保持对带电设备的安全距离。

2. 安全设施规范化与行为规范化

（1）安全设施规范化

安全设施规范化是电力企业安全工作标准化的一个重要组成部分。明确安全标准、设备及安全工器具标志、警戒线、安全防护的图形规范和配置规范，目的是指导电力企业在生产现场安全设施管理上达到规范、统一，从而创造一个清晰、安全的工作环境，提高安全管理水平。安全设施规范化的重点要求：发电厂、变电所、电力（电缆）线路按要求实现实施规范化；设备标准齐全、清晰；介质流向清楚；安全防护设施符合要求；线路杆塔及各种辅助设施的标志牌齐全、正确、醒目。

（2）人的行为规范化

实现人的行为规范化是保证安全生产"可控、在控"的关键之一，应实现以下三个方面的完善。

1）人的自主因素

①身体因素。无妨碍工作的病症。

②技术因素。掌握与工作有关的基本知识、基本技能和规章制度要求。

③思想因素。具有基本职业道德。

2）客观因素

①硬环境。工作现场的环境满足工作条件。

②软环境。安全规章制度齐全，安全措施完善并得到落实。

3）企业安全文化建设

在职工所处环境建立一种安全生产氛围，对职工进行安全意识和职业道德教育，使职工增强社会责任感、家庭责任感，自觉搞好安全生产。

（3）安全大检查

1）季节性安全大检查

①春季安全大检查。以查防雷、防雨、防火、防小动物为主要内容的安全大检查。通过春季安全大检查，查出设备越冬后可能存在的缺陷，经过整改，为系统及设备迎峰度夏，并安全度过雷雨季节做好准备。

②秋季安全大检查。以查防火、防冻、防污染、防小动物为主要内容的安全大检查。通过秋季安全大检查，为设备迎接冬季负荷高峰，并安全越冬做好准备。

2）单项检查和专业性检查

夏季防汛检查、重大社会活动安全供电检查、节前安全大检查、落实反事故措施专业安全检查等。

二、防止电网事故

1. 电网技术现状

随着我国电网建设和规模的发展，尤其是互联电网的发展，现代先进的输电技术、电力电子技术、信息技术、安全稳定控制技术得到广泛应用，保证了互联电网运行的安全性和经济性，这些技术的应用代表了目前电网技术的发展水平。

（1）超高压交直流输电技术

目前我国东北、华北、华东、华中、南方电网已形成500千伏电压等级的主干输电网架。西北电网330千伏电压等级现已无法满足输电需要，经过论证和可行性研究，已开始建设高一级电压等级750千伏输变电工程。直流输电技术具有输电容量大、稳定性好、控制灵活等优点，在我国跨大区电网互联中具有广泛的应用前景。2003年投产的三峡—华东直流输电工程，输送功率达到300万千瓦，在500千伏直流输电领域居世界首位。

（2）电力电子技术

灵活交流输电技术（FACTS）的应用可实现对交流输电功率和潮流的灵活控制，大幅度提高电力系统的安全稳定水平。我国于20世纪90年代以来开始对FACTS技术进行系统的研究和开发，其中，对500千伏超高压输电线路可控硅串联补偿（TCSC）的研究已取得成果，静止同步补偿器（ASVG）的实际装置已投入试运行。

（3）信息与自动化技术

自动化技术得到了迅速发展，华北、华东、东北、华中、西北电网的调度中心已采用了现代化能量管理系统（EMS）。继电保护和自动装置全面推进计算机化。自主开发的电力系统计算分析软件在电力系统规划设计、调度运行部门得到全面推广应用。农村电网经过技术改造，结构进一步优化，自动化程度进一步提高。电网的数字化水平大幅提高。以北京为中心连接各主要电网的电力通信、调度通信网络已基本形成。

（4）安全稳定控制技术

针对全国联网初期网络联系薄弱，大电源远距离输电问题比较复杂，采用技术先进的安全自动装置和稳定控制策略，保证互联电网的安全稳定运行。2001年我国颁布实施新的《电力系统安全稳定导则》，规定了三级安全稳定标准，提出建立防止稳定破坏的三道防线，用以指导电力系统设计、建设、运行和管理。作为电力工业强制性标准，这个导则反映了目前我国电网安全稳定控制水平。

2．电网安全现状与形势

（1）跨区互联电网安全稳定问题突出

随着我国互联电网的发展，稳定破坏和大面积停电事故的危害性越来越大，大电网的安全稳定问题越来越突出。目前，我国跨区互联电网处在发展初期，电网联系薄弱，主要跨区联络线输送功率已接近限额，而且部分设备陈旧落后，安全隐患较大。一些新投入的跨区联网工程也正处在设备故障率较高时期。因此，目前大区电网安全运行处于相对比较困难的时期，安全稳定问题尤为突出。

（2）电网网架结构薄弱

近年来我国经济增长迅速，尤其是一些经济发达地区，用电量和用电负荷强劲增长，对电网的安全供电能力提出了越来越高的要求，但是目前的电网发展水平还不足以适应这种要求。此外，在电源和电网发展过程中，发展不协调，结构不合理，主干网架薄弱，造成现有电源的发电能力和电网的输电能力得不到有效发挥，加剧了部分地区电力供需紧张的矛盾，给电网的安全稳定性带来严重影响。

（3）外力破坏和自然灾害越来越大

外力破坏（如盗窃、施工）、环境污染、自然灾害一直是威胁电网安全的重大隐患，并有不断增加的趋势。近年来因这类原因造成的电网事故占全部电网事故的50％，但是目前电网企业还缺乏有效的防范手段和防范措施。而对于地震、台风、洪水等自然灾害有可能造成的电网大面积瘫痪，目前还缺乏系统性研究和评估，没有建立相应的预警机制。

（4）电网安全管理水平有待提高

电网安全管理水平差距较大，事故的地区分布特征明显；二次系统问题突出，引发电网事故所占比例较大；设备故障造成电网事故，暴露出设备质量、工程建设、运行维护等各个环节的安全管理问题；人员误操作直接导致电网事故的发生。

3. 电网事故处理原则

按照事故的技术范围进行分类，可将电网事故分为以下几类：继电保护、接地短路、误操作及其他，其中二次回路及其雷击事故是电网发生事故的主要原因。通过对故障元件的预判可以提高电网调度中心信号的准确性，缩短故障处理时间，提高供电可靠性，有利于防止故障的进一步扩大。当电网发生事故时，首先应尽快消除故障源以阻止故障的进一步扩大，即根据故障的关联性来判断故障的性质。其次根据电网的有功功率和无功功率流向来确定电网事故所产生的后果，根据电网结构变化及时调整控制系统的薄弱环节，分清电网结构的主次关系，确保送电顺序。当电网发生事故时其内部元件的开关位置经常会发生变化，从而导致系统的整体结构和运行情况都会发生变化，此时最容易出现电网的解列事故，对电网的整体结构造成重创。因此，在电网要出现解列事故前应对其状态进行判别，对各个子系统所包含的子站进行了解。传统电网的解列方法是通过建立许多关联表显示关联关系来实现，其整个过程过于烦琐。近年来人们采取了人工智能的搜索方法来判断电网的拓扑结构，这种方法实现了对电网解列过程判别的简化，目前得到了广泛的应用。

4. 防止重大电网事故的对策

（1）防止电力系统稳定破坏事故

认真落实《电力系统安全稳定导则》，按照三级稳定标准，建立防止稳定破坏的三道防线。加强和改善电网结构，特别是加强受端系统的建设，逐步打开电磁环网；并积极采用新技术和实用技术，提高电网安全稳定水平；加强电网安全稳定"第三道防线"的建设和完善，结合电网实际，配置数量足够、分布合理的低频低压切负荷比例；加强电网计算分析研究，提高稳定计算水平。

（2）加强继电保护运行管理，进一步提高正确动作率。

适应形势变化和生产发展，实现技术、管理不断创新；加大科技创新，加快技术改造；强化技术监督，完善监督制度；加强规范化管理，减少人员三误（误碰、误接线、误整定）事故发生；加强元件保护管理；强化全员培养，提高人员素质。

（3）应用好电力系统安全自动装置

通过采用电力系统稳定器、电气制动、快控气门、切机、切负荷、振荡解列、串联电容补偿、静止补偿器、就地和区域性稳定工作装置等安全自动装置，防止电力系统失去稳定和避免电力系统发生大面积停电。随着计算机技术的发展，应积极采用智能化的稳定工作策略，保证大电网的安全稳定。

（4）建立事故预防与应急处理体系

进一步完善防止大电网事故的技术措施，结合事故类型和事故规律，制定并落实防止重大事故发生的预防性措施，限制事故影响范围及防止事故扩大的紧急控制措施，以及减少事故损失并尽快恢复正常秩序的恢复控制措施。建立覆盖事故发生、发展、处理、恢复全过程的事故应急救援与处理体系，并有针对性地组织联合反事故演习、开展社会停电应急救援与处理演练，有效减少大面积停电事故所造成的损失，提高社会和公众应对大面积停电的能力。

第五章思考题

1. 电力安全生产事故分为哪三类？
2. 什么是安全实施规范化？
3. 什么是人的行为规范化？
4. 防止重大电网的对策是什么？
5. 保证工作安全的三大措施是什么？

第六章 电力行业职业卫生知识

第一节 电力行业常见的危险
有害因素分析

目前，由于部分电力企业重视不够，使职业安全卫生的管理工作、技术工作出现了"断层"现象，有些企业职业安全卫生投入不足，作业场所职业病危害因素动态监测率、职业健康定期监护检查率有所下降。为使电力行业职业卫生安全工作适应电力体制改革和电力工业不断发展的需要，满足国家法制化管理的要求，保护电力职工的健康安全，本部分内容从电力行业的上游到下游分析各生产过程中存在的职业病危害因素及其对人体健康的不良影响，最后从职业安全卫生治理角度提出了相应措施。

一、电力行业职业病危害因素识别

电力行业主要包括发电、输电、变电、配电和用电等环节，其中发电有火力发电、水力发电、太阳能发电、风力发电、核能发电、氢能发电等，本节以火力发电为例进行介绍。发电环节主要生产设备包括发电机组、升压变压器及高压开关等设施。产生的职业病危害因素有噪声、振动、工频电场、高频电场、六氟化硫、二氧化碳、二氧化硫、一氧化碳、氮氧化物、粉尘等。在火力发电中，煤在锅炉中燃烧产生了大量的二氧化碳、二氧化硫、一氧化碳、氮氧化物等化学毒物。因锅炉设计为负压燃烧方式，烟气在正常情况下由烟囱引至高空排放，化学危害较小，粉尘危害严重。各环节产生的职业病危害因素见表6—1，主要职业病危害因素为工频电场、噪声、六氟化硫、氮氧化物、臭氧、煤尘。

表6—1　　　　　各环节产生的职业病危害因素

评价单元	职业病危害因素	产生环节
发电单元	噪声，工频电场，高温与热辐射，煤尘、炉灰尘、炉渣尘、氮氧化物、二氧化硫、一氧化碳等	超高电压电器与线路周围存在工频电场，其他危害因素产生于火力发电锅炉环节
高压输电单元	工频电场，高温	高压线附近产生工频电场，110 ~ 1 000千伏之间工频电场较严重，工作人员在巡线时会受到环境中的高温影响
变电单元	工频电场，噪声，六氟化硫、氮氧化物、臭氧	高压变电站内高频辐射产生工频电场，变电站六氟化硫开关泄漏可能存在六氟化硫及其毒性较大的分解产物，变电站通风设备产生噪声等，高压漏电产生电弧导致形成氮氧化物及臭氧
配电单元	工频电场，噪声，氮氧化物、臭氧	噪声产生于各种机柜，各种开关操作不当会引起弧光放电形成氮氧化物及臭氧

二、电力行业职业病危害因素对人体健康的影响

不同的职业病危害因素对人体健康的影响及危害程度也不相同，依据工作场所有害因素危害特性相关资料，针对主要有害因素对人体健康的危害做出说明。

1. 工频电场

侵入途径：肌体体表。

对人体健康影响或职业性损伤：当肌体处于高压交流电场时，可使肌体的正负电荷发生迁移运动，产生100 ~ 200微安的位移电流，可影响细胞膜的物理化学效应，致使细胞膜的精细功能受到损伤。

2. 噪声

侵入途径：听觉器官。

对人体健康影响或职业性损伤：长期接触工业噪声，可引起操

作人员耳鸣、耳痛、头晕、烦躁、失眠、记忆力减退，可引起暂时性听阈位移、永久性位移、高频听力损伤、语频听力损失直到耳聋等症状。

3．六氟化硫

侵入途径：吸入。

对人体健康影响或职业性损伤：当吸入高浓度六氟化硫时，可出现呼吸困难、喘息、皮肤和黏膜变蓝、全身痉挛等窒息症状。

4．氮氧化物

侵入途径：吸入。

对人体健康影响或职业性损伤：氮氧化物主要损害呼吸道。吸入初期仅有轻微的眼及呼吸道刺激症状。一氧化氮浓度高可导致高铁血红蛋白血症。慢性影响主要表现为神经衰弱综合征及慢性呼吸道炎症。

5．臭氧

侵入途径：吸入。

对人体健康影响或职业性损伤：臭氧具有强氧化能力，对眼睛结膜和整个呼吸道有直接刺激作用。吸入后会引起咳嗽、咳痰、胸部紧束感，高浓度吸入会引起肺水肿。长期接触可引起支气管炎、细支气管炎，甚至发生肺硬化。

6．煤尘

侵入途径：吸入。

对人体健康影响或职业性损伤：长期接触高浓度生产性粉尘，可使工作人员身体发生多方面不良改变及职业病，引起以肺组织广泛纤维化为主要病变的职业病——尘肺。

三、电力行业职业卫生防护相关措施

针对以上危害因素，从职业病工程控制技术措施、个体防护、职业卫生管理、职业健康监护、职业卫生培训等方面提出对策。

1．工程控制技术措施方面

（1）为有效控制化学毒物危害，日常操作或者巡检应注意检查设备的密封性，避免因操作疏忽等原因导致有毒物质逸散，如严格按操作规程进行六氟化硫断路器中湿度、泄漏、绝缘电阻、耐压试验等方面的检测，杜绝弧光放电的产生。

（2）为有效控制噪声危害，对机组等噪声设备进行隔离或采取隔振、减噪等措施。

（3）为有效控制工频电场危害，工作场所的高压设备采用屏蔽线、屏蔽环网、遮板等，且应有良好的接触。

2. 个体防护方面

（1）按照《劳动防护用品监督管理规定》，在电力行业内加强对劳动防护用品的标准化、规范化行业管理。

（2）安排配备防护用品的专项经费，按国家和行业规定为职工配置相应的劳动防护用品，并建立考核制度监督使用。例如，高空作业、高压巡线时穿戴合格的以金属丝织成的屏蔽服，并带好防护手套、防护帽等。对有噪声的作业场所进行巡检时要戴好耳塞或防护耳罩。

（3）规范电力行业劳动防护用品的管理，建立健全劳动防护用品的采购、验收、保管、发放、使用、报废等管理制度。对进入电力行业的劳动防护用品进行质量控制。

3. 职业卫生管理方面

（1）结合企业职业卫生工作现状，制定可行的职业卫生管理制度、职业病防治规划与实施方案并加强落实。

（2）按照法规要求，严格实施职业病危害的合同告知。

（3）定期委托有资质的职业卫生技术服务机构，开展职业病危害因素检测、职业病危害检测与评价工作。

4. 职业健康监护方面

（1）按照《职业健康监护技术规范》（GBZ 188—2014）提出的职业健康体检周期，对新入职员工实施岗前职业健康体检，对在岗职工实施定期职业健康体检，对离岗职工实施离岗职业健康体检。

（2）做好职业健康体检异常职工的进一步医学检查工作，注意加强该岗位工人的轮换，减少工作人员持续接触危害因素的时间，并注意加强岗位防护用品佩戴情况的监督。

（3）进一步完善职业健康监护档案，职业健康监护档案应当包括劳动者的职业史、职业病危害接触史、职业健康检查结果和职业病诊疗等个人健康资料。

5. 职业卫生培训方面

（1）充分利用电力行业现有职业卫生技术人力资源，建立职业卫生教育培训计划。

（2）对劳动者进行上岗前的职业卫生培训和在岗期间的定期职业卫生培训，普及职业卫生知识，督促劳动者遵守职业病防治法律、法规、规章和操作规程。

（3）指导劳动者正确使用职业病防护设备和个人使用的职业病防护用品。

（4）结合各企业实际情况，定期组织职业病危害事故应急救援预案与演练，并持续改进。

第二节　火力发电企业职业病危害识别与防护

火力发电厂是我国能源的重要支柱，我国社会经济生活所需电能的85%以上都是由火力发电厂生产。然而，火力发电厂的生产过程历来以高污染和高职业病危害而引人注目，在"以人为本"的今天，火力发电厂建设和生产过程中的职业安全已成为社会关注的重点。

一、火电厂工艺简介

现代化火电厂是一个庞大而又复杂的生产电能与热能的工厂。它由下列5个系统组成：燃料系统、燃烧系统、汽水系统、电气系统、控制系统。在上述系统中，最主要的设备是锅炉、汽轮机和发电机，它们安装在发电厂的主厂房内。主变压器和配电装置一般装放在独立的建筑物内或户外，其他辅助设备如给水系统、供水设备、水处理设备、除尘设备、燃料储运设备等，有的安装在主厂房内，有的则安装在辅助建筑中或在露天场地。火电厂基本生产过程：燃料在锅炉中燃烧，将其热量释放出来，传给锅炉中的水，从而产生高温高压蒸汽；蒸汽通过汽轮机又将热能转化为旋转动能，以驱动发电机输出电能。到 20 世纪 80 年代为止，世界上最好的火电厂的效率达到 40%，即把燃料中 40% 的热能转化为电能。

近代火电厂由大量各种各样的机械装置和电工设备所构成。为了生产电能和热能，这些装置和设备必须协调动作，达到安全经济生产的目的。这项工作就是火电厂的运行。为了保证炉、机、电等主要设备及各系统的辅助设备的安全经济运行，就要严格执行一系列运行规程和规章制度。

二、火电厂主要职业病危害识别

在火力发电厂的运营和维护过程中，广泛分布并易对劳动者产生职业病危害的因素主要包括粉尘、噪声、有害有毒化学物质和高温四种。

1. 粉尘

粉尘主要是输煤系统在煤的储存、输送、破碎和煤斗装煤过程中出现，如在碎煤机室、输煤带层及各运转点，其影响程度与工艺设计、输煤设备及通风除尘设施等的条件有关。磨煤、制粉系统泄漏以及检修过程中也会产生粉尘，电除尘出灰口及储灰罐出灰口都会产生粉尘。

粉尘对人体健康的主要危害：生产性粉尘进入人体后主要可引起职业性呼吸系统疾病，长期接触高浓度粉尘可引起以肺组织纤维化为主的全身性疾病尘肺病，如尘肺、呼吸系统肿瘤、粉尘性炎症等；对上呼吸道黏膜、皮肤等部位产生局部刺激作用可引起相应疾病。

2. 噪声

噪声主要是各设备在运转过程中由于振动、碰撞而产生的机械声和由风管、气管中介质的扩容、节流、排汽、漏汽而产生的气体动力噪声以及磁场交变运动产生的电磁性噪声。火力发电厂的主要噪声产生设备有吸风机、送风机、汽轮机、发电机、磨煤机、空压机、给水泵等。噪声对人体健康的危害主要包括以下四个部分：

（1）听觉系统：长期接触强噪声后主要引起听力下降。听力损伤的发展过程先是生理性反应，后出现病理改变直至耳聋。生理性听力下降的特点为脱离噪声环境一段时间后即可恢复，而病理性的听力下降则不能完全恢复。

（2）神经系统：长期接触强噪声后出现神经衰弱综合征，主要有头痛、头晕、耳鸣、心悸及睡眠障碍等；长期接触强噪声的作业人员可表现为易疲劳、易激怒。

（3）心血管系统：在噪声作用下，植物神经调节功能发生变化，表现出心率加快或减慢，血压不稳。

（4）消化系统：出现胃肠功能紊乱，食欲减退，消瘦，胃液分泌减少，胃肠蠕动减慢。

3. 有害有毒化学物质

电厂生产过程中主要使用的有毒有害原料有次氯酸钠、盐酸、碱、联胺、氨、六氟化硫，主要存在于化学水处理和电气岗位。产生的有害气体有酸气、氨气等，锅炉燃烧过程中产生一氧化碳。

（1）一氧化碳

一氧化碳对人体健康的主要危害：轻度中毒，可出现轻度至中度意识障碍，一氧化碳浓度大于10%；中度中毒，意识障碍发展为中度昏迷，一氧化碳浓度大于30%；重度中毒，意识障碍程度达到深度昏迷或并发脑水肿、休克或严重心肌损害，肺水肿或呼吸衰竭。

（2）氨

氨对人体健康的主要危害：主要作用于呼吸系统，对黏膜有刺激和腐蚀作用。低浓度时可使眼结膜、鼻咽部、呼吸道黏膜充血、水肿等。高浓度时，氨会损伤肺泡毛细血管管壁，使其扩张和渗透性增强，破坏肺泡表面活性物质，肺间质和肺泡产生大量渗出物，形成肺水肿。同时支气管、毛细支气管也充血、水肿、痉挛。

（3）盐酸

盐酸对人体健康的主要危害：主要可对皮肤、眼及呼吸道黏膜产生腐蚀和刺激作用，高浓度可引起严重的灼伤。其蒸汽或烟雾可引起急性中毒，长期接触可引起牙齿酸蚀症及皮肤损伤。

（4）氢氧化钠

氢氧化钠对人体健康的主要危害：刺激眼和呼吸道，腐蚀鼻中隔，直接接触可引起灼伤；误服可引起消化道灼伤，黏膜糜烂、出血和休克。

（5）氯气

氯气对人体健康的主要危害：氯气被吸收后，与湿润的黏膜接触，形成盐酸和次氯酸，又分解为盐酸和新生态氧，引起上呼吸道黏膜性肿胀、充血或刺激眼结膜。新生态氧具有强氧化作用，引起脂质过氧化而损害细胞膜。吸入高浓度氯气常致深部呼吸道病变；有时由于局部平滑肌痉挛而窒息，或通过迷走神经的反射性作用导致心脏骤停。

4．高温

生产过程中产生高温高压的部位有锅炉、汽轮机、除氧器、加热器、导汽管和蒸汽管道等，同时包括露天煤厂等室外作业人员夏季工作的某些时间段。

高温对人体健康的主要危害：体温调节产生障碍；水盐代谢失调；循环系统负荷增加；消化系统疾病增多；神经系统兴奋性降低；肾脏负担加重；当作业场所气温超过 34 摄氏度时，即可能发生中暑。

三、职业病危害因素针对性防护

1．粉尘防护措施

粉尘的防护措施主要在于工艺设计和施工中对设备和管道采取有效的密封措施和防磨材料，防止物料的跑、冒、滴、漏。具体来说主要包括以下措施：

（1）煤场每隔若干米装一喷头，每天喷水若干次，并在周围增加绿化带，以减少煤尘污染。

（2）采用门式滚轮堆取料机时，应加喷雾装置，每台滚轮机喷水量为 5～6 立方米每小时。

（3）筒仓原煤斗设重力式挡板，在叶轮给煤机上应设除尘器。

（4）在碎煤机室及各运转站设置缓冲锁气器，设密闭装置和除尘系统，传送带、地面设水冲洗设施，及时清洗地面灰尘。

（5）在输煤系统的值班室安装隔尘隔声装置。

（6）煤仓间每个原煤斗安装布袋式除尘器或其他除尘效果好的除尘器。

（7）采用负压式吸尘系统清除锅炉房和煤仓间输煤传送带层的散落灰尘。

（8）锅炉底层及运转层、灰浆泵房、各运转站、碎煤机室、筒仓均应设水力清扫装置，防止二次扬尘。

（9）磨煤制粉系统、干灰系统检修时要抽尽存粉或用水冲洗干净。

2. 噪声防护措施

防噪声首先要在工艺设计中尽量选用低噪声设备，对噪声较大的设备设置相关消音器，在噪声集中地区设置隔声操作室，实行远距离操作控制。具体防噪措施如下：

（1）送风机、空压机的入口设消音装置。

（2）锅炉各阀门排汽口设高效消音器。

（3）汽轮发电机组设置隔音罩室，内衬吸音板，以达到隔声降噪的目的。

（4）对高温高压蒸汽管道，控制其流速在设计流速范围内，避免接近流速上限；并采用特殊保温材料，以降低高速气流产生的噪声。

（5）在烟气管道设计时，努力做到布置合理，流道畅通，以减少空气动力噪声。

（6）集中控制室周围布置环行走廊，并选用有较高隔声性能的隔声门窗及有较好吸声性能的墙面材料进行防噪隔声。

（7）各值班室应为单独的值班房间，均应采用适当的隔声措施。

3．有毒有害化学物质防护措施

防毒及防酸碱：在工艺设计中对产生毒物的生产过程和设备，考虑机械化和自动化，加强密闭，避免直接操作，并应结合生产工艺采用通风措施。防毒、防碱措施主要包括：

（1）对氨、联氨仓库及加药间、化验间设有自然进风、排风设备。

（2）对酸碱库、酸碱泵房、酸碱计量间、蓄电室，设有自然进风、排风设备。

（3）检修作业或辅助生产时，作业场所应采取必要的防护措施，加强现场通风，以减少对作业人员的危害。对特定岗位设置防毒面具等防护用品，对接触强酸强碱的作业人员应配备专用防护用品。

4．高温防护措施

防高温．在工艺设计中应尽量使操作人员远离热源，同时根据其具体条件采取必要的隔热降温措施。隔热降温措施主要包括：

（1）采用机房侧窗自然进风，屋顶机械排风排除设备运转过程中产生的大量余热。

（2）对高温设备和管道应进行保温或加隔热套，保证其外表温度小于 50 摄氏度。

（3）集控楼与主要值班室应设置集中制冷、加热站，为机炉电集控室、计算机室、化学运行控制室、低温取样架间提供冷、热源。

四、应急救援措施

1．对产生剧毒物质、高温等作业场所、岗位，应考虑相应的事故防范和应急救援设施、设备；在厂房项目建设中应增设必要的应急救援和事故防范设施，同时制定应急救援预案，配备经培训的应急救援人员和应急救援器材、设备。应急救援预案应及时修订、不断完善，并定期组织演习。

2．生产中可能突然溢出大量可能导致急性中毒或易燃爆的化学物质，作业区域应设置监控报警装置和警示牌。在可能造成急性中毒区域设置监测报警仪器。

第三节　核电企业职业病危害识别与防护

我国长期以来以煤炭为主的能源结构已无法适应经济的快速发展，核电是一种安全性能好的能源。核电发展战略是我国电力发展战略和国家能源安全战略的重要组成部分，发展核能是实现能源、经济和环境协调发展的有效途径。核电站是利用核裂变或核聚变反应所释放的能量产生电能的热力发电厂。核电站工作场所中存在多种职业病危害因素，可对工作人员的健康造成一定程度的影响。为了预防和减少核电站工作人员职业危害风险，本节对核电站工作场所中存在的职业病危害因素进行了识别和分析，预测其对相关人员的健康影响，提出合理可行的防护对策，为核电站的职业病防治和保护劳动者健康提供科学依据。

一、核电站工艺简介

核电站以核反应堆来代替火电站的锅炉，以核燃料在核反应堆中发生特殊形式的"燃烧"产生热量，使核能转变成热能来加热水产生蒸汽。利用蒸汽通过管路进入汽轮机，推动汽轮发电机发电，使机械能转变成电能。一般来说，核电站的汽轮发电机及电气设备与普通火电站大同小异，其奥妙主要在于核反应堆。

核反应堆又称原子反应堆或反应堆，是装配了核燃料以实现大规模可控制裂变链式反应的装置。原子由原子核与核外电子组成。原子核由质子与中子组成。当铀235的原子核受到外来中子轰击时，一个原子核会吸收一个中子分裂成两个质量较小的原子核，同时放出2~3个中子。这裂变产生的中子又去轰击另外的铀235原子核，引起新的裂变。如此持续进行就是裂变的链式反应。链式反应产生大量热能。用循环水（或其他物质）带走热量才能避免反应堆因过热烧毁。导出的热量可以使水变成水蒸气，推动汽轮机发电。由此可知，核反应堆最基本的组成是裂变原子核和热载体。但是只有这两项是不能工作的。因为，高速中子会大量飞散，这就需要使中子减速增加与原子核碰撞的机会；核反应堆要依人的意愿决定工作状态，这就要有控制设施；铀及裂变产物都有强放射性，会对人造成伤害，因此必须有可靠的防护措施。因此，核反应堆的合理结构应该是：核燃料＋慢化剂＋热载体＋控制设施＋防护装置。

二、核电厂主要职业病危害识别

核电厂的职业病危害因素大致可分为放射性职业病危害和非放射性职业病危害两个方面。放射性职业病危害是核电站乃至核工业部门所特有的职业病危害因素，也是核电站所有职业病危害因素中最需严加防范的因素。非放射性职业病危害包括物理因素（噪声、高温、工频电磁场、紫外线辐射）、化学毒物和粉尘3类。

1. 放射性职业病危害因素

核电站的职业照射按运行情况的不同可分为正常运行状态、大修状态和异常或事故应急状态。其中，大修是核电站生产活动的一个特殊阶段，该阶段核电站要在相对较短的时间内完成设备检修、在役检修、定期实验及工程改造等，以期消除正常运行期间产生的各种设备缺陷。因此，大修是核电厂辐射防护工作最集中、辐射风险和集体剂量最高、管理难度最大、最易发生各类事件和事故的阶段。一般每年的大修集体照射剂量占全年总集体剂量的85% ~ 90%。

异常或事故应急状态是指在核电生产过程中，反应堆或放射源失去控制。这种照射可能对工作人员，甚至对社会公众人员带来严重的放射性损害，但发生这种事故的概率非常小。

核电厂的辐射危害具有以外照射为主和检修照射为辅的特点。正常运行和大修时的放射性职业病危害因素主要是堆本体存在的辐射，以及部分泄漏的活化产物和裂变产物。如冷水堆主要活化产物有 ^{16}N、^{17}N、^{19}O、^{18}F、^{14}C 等。

在反应堆事故时可能释放 ^{131}I、^{132}I、^{133}I、^{131}Te、^{132}Te、^{134}Cs、^{103}Ru、^{140}Ba 和 ^{141}Ce 等挥发性气体。这些因素是导致职业性内照射和产生相应生物效应的主要原因。此外，在燃料储备和运输中也存在照射危害；在设备维修过程中因使用 X 射线探伤仪或 γ 射线探伤仪而存在 X 射线或 γ 射线等职业病危害。

2. 非放射性职业病危害因素

非放射性职业病危害因素主要为噪声、高温、化学毒物、工频电磁场辐射和粉尘等。

（1）噪声

噪声是核电站主要职业病危害因素之一。核电站同时存在机械动力噪声、气体动力噪声和电磁噪声等，其中常规岛布置有汽轮机、发电机和高压水泵等产生高强噪声的设备，是核电站噪声防治的重点区域。核电站的噪声主要来自核岛厂房和汽轮机厂房中的运转设备。

核岛厂房噪声主要来源于以下五个方面：

1）不停高速运转的高温、高压水泵及配套电动机。

2）运转状态下的高功率柴油发电机组。

3）不停运转的大型电动鼓风机组。

4）安全阀、管道及箱罐等设备在执行排放或泄压功能时产生的噪声。

5）电动发电机组、开式变压器和逆变器等电气系统部分产生的噪声。

汽轮发电机厂房产生的噪声主要来自以下三个方面：高速运转的汽轮发电机组、主给水泵、增压泵和凝结水泵等在甩负荷时，蒸汽排入冷凝器前经过减温、减压器将会产生较强的噪声；设备运行中，安全阀或排气阀事故排气时，尤其是主蒸汽管道内的蒸汽通过安全阀和泄压阀向大气排放时，将会产生极强的噪声；海水泵房、压缩空气站、辅助锅炉房、除盐水系统等也存在噪声源。

（2）高温

核电生产过程主要热源有反应堆冷却系统（压力容器、蒸汽发生器、主泵、稳压器及连接管道）、核辅助系统（化学和容积控制系统、余热排出系统）、专设安全设施（安全注入系统、安全壳喷淋系统、蒸汽发生器辅给水系统和安全壳隔离系统等）、二回路及其辅助系统（承压容器、高压加热器、汽水分离器、主蒸汽管道、除氧间、变压器室、配电器室）等。在核电站运行时，这些设备形成了一个高温环境。高温主要分布在汽轮机房和核岛厂房。

（3）化学毒物

在水化学处理过程中可能接触氯气、次氯酸钠、氨气、联氨、硫酸、盐酸、氢氧化钠、灭藻剂和缓蚀剂等化学毒物；在含六氟化硫高压电器泄漏时可能接触一氟化硫、四氟化硫、十氟化二硫等六氟化硫分解产物；在设备维修过程中可能接触苯系物、乙醇、汽油、亚硝酸钠、氢氟酸、锰烟、铅烟等；可能存在六氟化硫分解产物、氯气、氨气等急性职业中毒和酸碱化学品烧伤的风险。

因核电站多采用500千伏超高压或更高电压输电线路，在变压器、高压开关及其高压线路周围存在较高强度的工频电磁场职业病危害因素，应加强防护。

三、职业病危害因素针对性防护

1. 噪声

（1）核岛内通风机采用软管接头，进排风口安装消音器；在蒸汽轮机、发电机外面设噪声板；锅炉排气管、安全阀排汽孔出口装设消音器；对空调系统采取消声处理。

（2）对噪声强度大的运转设备设置防振减噪设施，以降低设备运行时的噪声强度。

（3）对控制室围护结构的各种缝隙、孔洞应塞填密实，室内表面进行吸声处理，并设置门斗，门斗的墙面和天棚采用吸声材料贴面。

（4）在经常有人值班并且噪声较高的工作环境设置隔声值班室。

（5）为接噪作业人员配备性能良好的护耳器，并制定个人防护用品使用规章制度，杜绝作业人员在裸耳情况下对高强度噪声现场进行巡视。

（6）所有噪声区域入口处应设置警示标志；对产生较强噪声的工作场所，在显要位置安装噪声显示装置。

（7）建立听力保护计划，加强职业健康检查工作，对不适宜从事噪声工作的人员及时调整岗位。

2. 高温

（1）对表面温度超过 60 摄氏度的设备、管线，应按规范的要求采用隔热保护措施。

（2）加强厂房自然通风、设置机械通风设备。

（3）缩短工作人员在热源点的停留时间。

（4）加强个人保健、夏季防暑降温工作，如调整夏季作息时间和发放清凉含盐饮料（含盐量为 0.1% ~ 0.2%），必须进行特殊作业时须佩戴隔热的防护热服、面罩等。

（5）加强职业健康监护工作，对不适宜从事高温工作的人员要及时调离岗位。

（6）严格控制高温工作时间。

3. 化学毒物

酸、碱储罐，计量箱，泵和管线均采用耐腐蚀性材料，防止发生跑、冒、滴、漏；除盐水车间和凝结水精处理加药间设置轴流排风扇进行全面通风；盐酸储罐附有酸雾吸收装置。

六氟化硫（SF_6）的毒性虽然较低，但是在高压开关内进行高压电弧切断、高压开关的过滤器失效或含水量高的情况下，可被分解产生高毒性气体。进入六氟化硫气瓶罐或六氟化硫设备间之前，必须进行通风最少半小时；进入电气设备操作现场，要穿戴防毒面具、防护服和防护手套；设备碎片或检出的吸附剂应立即清理，并用碱液浸泡，除去里面的有毒有害成分。如果设备运行开关漏气，有白色或灰色的固体粉末冲出时，应戴手套清理，清理完毕一定要认真洗手。

要根据国家有关法规和标准的要求制定化学中毒应急预案，加强个人卫生防护措施，佩戴必要的防护用品。

4. 电磁辐射

对工频电磁场辐射强的设备及配电房等作业场所进行危险区域的划分和屏蔽，对变压器周围用护栏实行区域控制，对高压母线进行屏蔽，高压电缆使用交联聚乙烯绝缘钢丝铠装聚氯乙烯护套电缆。对进入工频电磁场强辐射作业环境的工作人员要求配备绝缘性能良好的鞋帽、手套、衣服等工作服和屏蔽服；并定期测量这些作业场所的工频电磁场辐射强度。对作业人员应进行定期体检，根据不同工种加以不同的检查项目，以利于追踪观察。

四、应急救援措施

（1）编制事故应急预案和防范措施。应急救援预案应及时修订、不断完善，并定期组织演习。设立相应的应急救援措施、设备；有经培训的应急救援人员和应急救援器材、设备。

（2）完善职业医疗卫生和职业卫生管理程序，加强职业卫生管理组织机构的建设，完善职业卫生和职业卫生管理体系，配备必要的医疗设施和设备，做好人员及技术准备。

（3）做好医学应急准备与计划。

第四节　水力发电企业职业病危害识别与防护

我国电力行业煤炭消耗约占煤炭总消费量的一半，另外燃煤电站向环境大气中排放大量含硫、含氮的污染物，煤资源的日益匮乏以及对环境保护的迫切需要，使得新能源利用成为可持续发展能源战略的重要策略。水力发电站是利用水体所蕴藏的位能转变为电能的发电方式，其相对清洁的生产方式受到了越来越多的关注。然而国内目前对于水力发电过程中的职业病危害和工程防护控制鲜有报道。为预防和控制水力发电站在运营过程中的职业病危害，本节对水力发电厂的职业病危害因素和控制措施进行分析，为水电工业职业病防治和保护劳动者健康提供科学依据。

一、水电厂工艺简介

水力发电是利用江河水流在高处与低处之间存在的位能进行发电。它的基本生产过程：从河流较高处或水库内引水，利用水的压力或流速冲动水轮机旋转，将水能转变为机械能，通过水轮机的水流到河流的较低处或水库下游；水轮机再带动发电机旋转，将机械能转变为电能，然后经升压变压器的送电线，将电能送到负荷中心，降压后供给工农业和居民。

二、水电厂主要职业病危害识别

在水电发电中，水轮机和水轮发电机是基本设备。为保证安全经济运行，在厂房内还配置有相应的机械、电气设备，如水轮机调速器、油压装置、励磁设备、低压开关、自动化操作和保护系统等。在水电站升压开关站内主要设升压变压器、高压配电开关装置、互感器、避雷器等以接受和分配电能。通过输电线路及降压变电站将电能最终送至用户。

水电厂生产过程中可能存在的职业病危害因素的来源主要是水轮发电机组、主变压器在运行过程中产生噪声、振动和电磁辐射，空压机在运行过程中可能产生噪声、振动。蓄电池采用阀控免维护无铅蓄电池，因此，蓄电池室可能存在硫酸雾、铅烟危害。

噪声是水力发电过程中的主要职业病危害因素。其他职业病危害因素如硫酸雾、铅烟、振动、电磁辐射，因浓度高、强度小，正常生产情况下不致对作业人员造成健康影响。

三、职业病危害因素针对性防护

1. 除选用高效、低噪声设备外，还在设备安装时采取减震降噪措施：在风机进出口安装消声器，进行基础减振以及机房隔声等；噪声源点设置隔吸声屏障或加装隔声装置。

2. 水力发电施工项目的职业病危害因素也不容忽视，具体可参照建设项目安全评价等。

第六章思考题

1. 电力行业各环节中产生的主要职业病危害有哪些？
2. 电力行业职业病危害因素对人体健康有哪些影响？
3. 电力行业职业卫生防护相关措施有哪些？
4. 火力发电厂的主要职业病危害及防护措施有哪些？
5. 核电站的主要职业病危害及防护措施有哪些？

第七章 电力行业应急救援知识

第一节 电力行业应急救援基本要求

近年来，各类突发灾害频繁发生，2008 年的雨雪冰冻天气和"5.12"汶川大地震给我国电力系统造成严重破坏。而 2011 年美国大面积停电事故，2012 年印度大面积停电事故更是对我国电力行业的应急救援工作提出了更高的要求。

必须承认，当灾害或事故发生后的几分钟、十几分钟，往往是抢救危重伤员最重要的时刻，医学上称为"救命的黄金时刻"。在此时间内抢救及时、正确，生命有可能被挽救；反之则生命丧失或病情加重。现场及时、正确的救护，为医院救治创造了条件，能最大限度地挽救伤员的生命和减轻伤残。在事故现场"第一目击者"对伤员实施有效的初步紧急救护措施，以挽救生命，减轻伤残和痛苦。然后在医疗救护下或运用现代救援服务系统，将伤员迅速送到就近的医疗机构继续进行救治。

一、紧急救援组织

院外急救是指在医院之外的环境中对各种危及生命的急症、创伤、中毒、灾难事故等伤病者进行现场救护、转运及途中救护的统称。

电力行业各企业单位应组建相应的院外急救网络，形成现场急救—转送急救—医院急救的急救链，以提高抢救伤员的成功率。

电力行业各企业单位的院外紧急救护小组应明确任务，熟练掌握各种急救技术，并负责对本单位人员进行紧急救护技术培训。紧急救护小组应经常处于应急状态，接到急救通知后，应以最快的速度到达现场开展紧急救护工作。在现场紧急救护的同时，应立即与当地急救中心或就近医院取得联系，以得到下一步的急救指导。

院外急救小组应准备随时接受重大急救指令或现场紧急救护人员的咨询，并负责和指导伤员转送。

现场事故发生后，在现场的工作人员应在班组安全员或受过紧急救护培训人员的带领下，迅速地开展现场紧急救护工作，并及时向有关部门报告，请求急救医疗支援。

二、紧急救护设备

生产现场与流动作业车应配备简易急救箱或存放相应的急救物品，并由专人负责，定期检查、补充及更换。

电力行业各企业医院院外急救小组应配备呼吸机、自动体外除颤器、专用急救箱、急救用车辆及必要的通信设备。

三、现场紧急救护基本要求

紧急救护应就地抢救，动作迅速、果断，方法正确、有效。

紧急救护的基本原则：在现场采取积极措施保护伤员生命，减轻伤情，减少痛苦，并根据伤情需要，迅速联系医疗部门救治。急救的成功条件是动作快，操作正确，任何拖延和操作错误都会导致伤员伤情加重或死亡。

此外，在现场要仔细观察伤员全身的伤势情况，防止伤情恶化。如果发现呼吸中断、心跳停止时，应立即在现场就地抢救，并用心肺复苏法来支持呼吸和血液循环，对大脑、心脏等重要器官供氧。

所有电力行业的工作人员都应定期接受培训，学会紧急救护法，会正确使触电者脱离电源，会心肺复苏法，会止血，会包扎，会正确转移运送伤员，会紧急处理创伤、溺水、高温中暑和中毒等情况，以保证不管发生什么类型的事故，现场工作人员都能当机立断，以最快的速度、最正确的方法进行急救，力争使伤员尽快脱离生命危险。

第二节　触 电 急 救

触电又称电损伤，是指一定数量的电流或电压通过人体，所引起一种局部性或全身性的损伤。触电事故在电力行业中时有发生。

在直接接触电源、高压下作业或被雷电击中后，工作人员会出现人体组织严重损毁，如出现皮肤、肌肉、血管和神经等组织的坏死，严重者会伴有肝、肾等重要器官的损害和衰竭，甚至会危及生命。因此，每个电力企业职工都应掌握一定的急救知识并能进行及时有效的抢救，这样会大大降低触电事故的死亡率。

一、触电急救救护原则

人触电后会出现神经麻痹、呼吸中断、心脏停止跳动等现象，外表上也会呈现出不省人事的状态，这种情况不应该被认为是死亡，而应迅速进行抢救。据统计，从触电后 1 分钟开始救治，伤者有 90% 的概率会复苏，而从触电后 6 分钟开始救治，伤者的复苏概率会下降到 10%，如果触电时间继续延长，伤者被救活的可能性会进一步降低，12 分钟后开始抢救，复苏概率几乎为 0。由此可见，及时准确救治是非常重要的。

触电急救的救护原则为迅速、就地、准确、坚持。

二、脱离电源

触电急救首先要使触电者迅速摆脱电源，越快越好，因为电流作用时间越长，对人体伤害就越严重。

脱离电源就是要把触电者接触的那一部分带电设备的开关或其他断电设备断开，或设法将触电者与带电设备脱离。在脱离电源前，救护人员不得用手直接触及触电者，以免救护人员同时触电，在脱离电源的过程中，救护人员要注意保护自身安全。如触电者处于高处，则还需采取相应措施，防止触电者脱离电源后自高处坠落形成复合伤。

1. 低压触电可采用下列方法使触电者脱离电源

（1）如果触电地点附近有电源开关或电源插座，可立即拉开开关或拔出插头，断开电源，但应注意只控制一根线的开关可能因安装问题，只能切断中性线而没有断开电源的相线。

（2）可使用绝缘工具、干燥木棒、木板、绳索等不导电的东西解脱触电者，或抓住触电者干燥而不贴身的衣服将其拖开（切记要避免碰到金属物体和触电者的裸露身躯），还可戴绝缘手套，将手用干燥衣物等包裹绝缘后解脱触电者。另外，救护人员可站在绝缘垫上或干木板上，使触电者与导电体解脱，在操作时最好用一只手进行操作。

（3）如果电流通过触电者入地，并且触电者紧握电线，可设法用干木板塞到其身下，与地隔离，也可用干木把斧子或有绝缘柄的钳子等将电线弄断。用钳子剪断电线，最好要分相，一根一根地剪断，并尽可能站在绝缘物体或干木板上操作。

（4）如果触电发生在低压带电架空线配电台架、户线上，若能立即切断线路电源，应迅速切断电源，或者由救护人员迅速登杆至可靠的地方，束好自己的安全带后，用带绝缘胶柄的钢丝钳、干燥的不导电物体或绝缘物体将触电者拉离电源。

2. 高压触电可采用下列方法之一使触电者脱离电源

（1）立即通知有关供电单位或用户停电。

（2）戴上绝缘手套，穿上绝缘靴，用适合该电压等级的绝缘工具按顺序拉开电源开关或熔断器。

（3）抛掷裸金属线使线路短路接地，迫使保护装置动作，断开电源。注意，抛掷金属线之前，应先将金属线的一端固定可靠接地，另一端系重物抛掷，抛掷的一端不可触及触电者和其他人。另外，抛掷者抛出线后，要迅速离开接地的金属线8米以外或双腿并拢站立，防止跨步电压伤人。在抛掷短路线时，应注意防止电弧伤人或断线危及人员安全。

如果触电者触及断落在地上的带电高压导线，要先确认线路是否无电，确认线路已经无电时，才可在触电者离开触电导线后立即就地进行急救。如发现有电时，救护人员应做好安全措施（如穿绝缘靴或临时双脚并紧跳跃以接近触电者），才可以接近以断线点为中心的8～10米的范围内（以防止跨步电压伤人）。救护人员将触电者脱离带电导线后，应迅速将其带至8～10米以外，再开始心肺复苏急救。

救护人员在抢救过程中应注意保持自身与周围带电部分必要的安全距离。不论是在何级电压线路上触电，救护人员在使触电者脱离电源时，要注意防止发生从高处坠落和再次触及其他有电线路。

救护触电伤员切除电源时，有时会同时使照明失电，因此，应考虑事故照明、应急灯等临时照明，新的照明要符合使用场所的防火、防爆要求，但不能因此延误切除电源和进行急救。

三、脱离电源后的急救

当触电者已经脱离电源后，应尽量在现场抢救。原则上是先救后运，要根据情况及时进行相应的救治。

1. 对神志清醒的触电伤员，应将其就地躺平，严密观察呼吸、脉搏等生命指标，暂时不要让其站立或走动。

2. 对神志不清的触电伤员，应用 5 秒时间呼叫伤员或轻拍其肩部，掐压伤员的人中，以判定伤员是否丧失意识，禁止摇动伤员头部呼叫，如无反应，则高声呼救，寻求他人帮助，并立即进行心肺复苏抢救，同时拨打当地紧急救援电话，通知紧急救援中心。

3. 对需要进行心肺复苏的伤员，将其就地放平，颈部与躯干始终保持在同一个轴面上，解开伤员领扣和皮带，去除或剪开限制呼吸的胸腹部紧身衣物，立即就地迅速进行有效心肺复苏抢救。

心肺复苏法是触电急救行之有效的科学手段，它包括人工呼吸和心脏按压两种方法。根据触电者的实际情况，这两种方法可以单独使用，也可以配合使用。人工呼吸有多种方法，其中口对口（鼻）人工呼吸方法效果最好，心脏按压主要指的是胸外心脏按压。

触电者如没有意识，应在 10 秒内用看、听、试的方法判定伤员有无呼吸，如图 7—1 所示。

看：看伤员的胸部、上腹部有无呼吸起伏动作。

听：用耳贴近伤员的口鼻处，听有无呼气声音。

试：用颜面部的感觉测试口鼻有无呼气气流，也可用毛发等物放在口鼻处测试。

在对触电者进行人工呼吸和心脏按压之前，救护人员应该要

图 7—1 判断有无呼吸的方法

及时对触电者进行开放气道。

一般用仰头抬颏的手法开放气道：
一只手放在伤员前额，用手掌把额头用
力向后推，另一只手的食指与中指置于
下颏骨处，向上抬起下颏（对颈部有损
伤的伤者不适用），两手协同将头部推
向后仰，如图7—2所示，舌根随之抬
起，气道即可通畅，如图7—3所示。

图7—2　仰头抬颏法

严禁用枕头或其他物品垫在伤员头下，
这样会使头部抬高前倾，加重气道阻塞，并且会使胸外心脏按压时
流向脑部的血流减少，甚至消失。如发现伤员口内有异物，要清除
伤者口中的异物和呕吐物，可用指套或指缠纱布清除口腔中的液体
分泌物。清除固体异物时，一手按压开下颌，迅速用另一手食指将
固体异物钩出或用两手指交叉从口角处插入，取出异物，操作中要
注意防止将异物推到咽喉深部。

图7—3　气道开放

在将触电者的气道开放之后，立即对其进行人工呼吸。

（1）口对口（鼻）人工呼吸方法

1）在保持伤员气道通畅的同时，救护人员用放在伤员额上的
手捏住伤员鼻翼，救护人员吸气后，与伤员口对口紧合，在不漏气
的情况下，先连续吹气两次。口对口人工呼吸方法如图7—4所示。

2）每次吹气时间1秒以上，如果吹气量足够的话，能够看见
胸廓起伏。吹气时如有较大阻力，可能是头部后仰不够，应及时纠
正，在吹气时应避免过快、过强。

3）触电伤员如牙关紧闭，可口对鼻人工呼吸。口对鼻人工呼吸吹气时，要将伤员嘴唇紧闭，防止漏气。

4）如有条件的话，用简易呼吸面罩、呼吸隔膜进行隔式人工呼吸，以避免直接接触引起交叉感染。

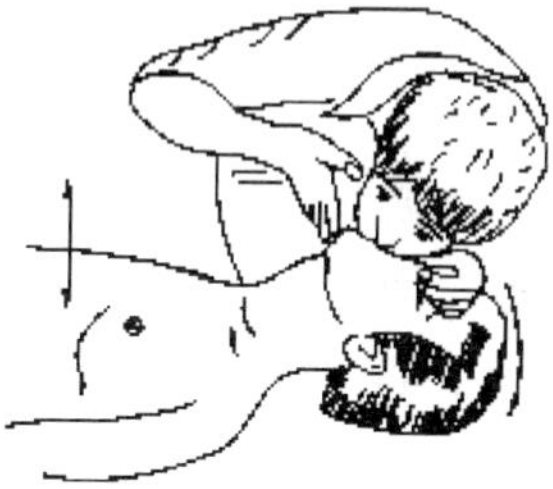

（2）胸外心脏按压的主要方法

图7—4　口对口人工呼吸方法

1）未进行按压前，先手握空心拳，快速垂直击打伤员胸前区胸骨中下段 1~2 次，每次 1~2 秒，力量中等，捶击 1~2 次后，若无效，则立即进行胸外心脏按压，不能耽搁时间。

2）正确按压位置是保证胸外按压效果的重要前提，可用以下两种方法之一来确定，如图 7—5 所示：

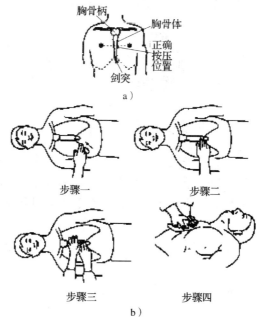

图7—5　正确的胸外心脏按压位置

a）方法一　b）方法二

方法一：胸部正中，双乳头之间，胸骨的下半部即为正确的按压位置。

方法二：沿触电伤员肋弓下缘向上，找到肋骨和胸骨接合处的中点，两手指并齐，中指放在切迹中点（剑突底部），食指平放在胸骨干部，另一只手的掌根紧靠食指上缘，置于胸骨上，即为正确按压位置。

3）正确的按压姿势是达到胸外按压效果的基本保证，如图7—6所示。按压姿势主要按以下方式进行：

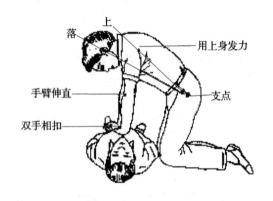

落　上　用上身发力

手臂伸直　支点

双手相扣

图7—6　胸外心脏按压

触电伤员仰面躺在平硬的地方，救护人员立或跪在伤员一侧胸旁，救护人员的两肩位于伤员胸骨正上方，两臂伸直，肘关节固定不屈，两手掌根相叠，手指翘起，将下面手的掌根部置于伤员按压位置上。

以髋关节为支点，利用上身的重力，垂直将正常成人胸骨压陷4~5厘米（瘦弱者酌减）。

压至要求的程度后，立即全部放松，但放松时救护人员的掌根不得离开胸壁。

4）按压操作频率要求如下：

胸外按压要以均匀的速度进行，每分钟100次左右，每次按压和放松的时间相等。

胸外按压与口对口（鼻）人工呼吸的比例为：单人抢救时，每按压 30 次吹气 2 次（30:2），反复进行；双人抢救时，每按压 30 次后由另一人吹气 2 次（30:2），反复进行。

5）在按压时不能用力过大，因用力过大易发生肋骨、胸骨骨折，甚至引起气胸、血胸等并发症，这是复苏失败的原因之一。

6）双人或多人复苏应每 2 分钟（按压吹气 5 组循环）交换角色，以避免因胸外按压者疲劳而引起的胸外按压质量和频率削弱。在交换角色时，其抢救操作中断时间不应超过 5 秒。

在对触电者进行人工呼吸和胸外心脏按压之后，救护人员要对伤员进行再判断：

①按压吹气 2 分钟后（相当于抢救时做了 5 组以上 30:2 按压吹气循环），应用听、看、试的方法在 5~10 秒时间内完成对伤员呼吸是否恢复的再判断。

②若判定呼吸未恢复，则继续坚持用心肺复苏技术抢救。

③在医务人员未接替抢救前，现场抢救人员不得轻易放弃现场抢救。

四、伤员的转移与运送

心肺复苏应在现场就地坚持进行，不要为方便而随意移动伤员，如确实需要移动时，抢救中断时间不应过长。

移动伤员或将伤员送医院时，除应使伤员平躺在担架上，并在其背部垫以平硬木板外，还应继续抢救，心跳呼吸停止者应继续用心肺复苏技术抢救，并做好保暖工作。转移运送伤员的方法如图 7—7 所示。

在转送伤员去医院前，应立即通知有关医院，请其做好接收伤员的准备，同时应对触电伤员的其他合并伤如骨折、体表出血等做相应处理。

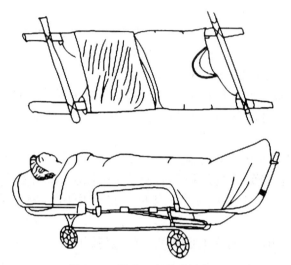

图7—7 转移运送伤员的方法

第三节 创 伤 急 救

在电力行业中，现场工作人员有时会发生电灼伤、高空坠落、冻伤和动物咬伤等事故。一旦出现这些情况，必须第一时间对伤员进行创伤急救。

一、创伤急救的基本原则

进行创伤急救的主要目的是维持伤员生命，避免继发性损伤，防止伤口感染。

创伤急救原则上是先抢救，后固定，再搬运，并注意采取措施，防止伤情加重或污染，需要送医院救治的应采取保护伤员的措施后再送医院救治。

创伤急救所遵循的顺序原则：先抢后救、先重后轻、先急后缓、先近后远、继续监护、救治同步。

抢救前先使伤员安静躺平，判断全身情况和受伤程度，如有无出血、骨折和休克等。

若发现体表出血应立即采取止血措施，防止失血过多而休克。外观无伤，但呈休克状态，神志不清或昏迷者，要考虑胸腹部内脏或脑部受伤的可能性。

为防止伤口感染，应用清洁布片敷盖，救护人员不得用手直接接触伤口，更不得在伤口内堵塞任何东西或随便用药。

搬运时应使伤员平躺在担架上，腰部束在担架上，防止跌下。平地搬运伤员时头部在后，上楼、下楼、下坡时头部在上，搬运中应严密观察伤员，防止伤情突变。

二、止血处理

如果发现伤员出现出血症状，应立即采取止血手段。否则失血过多会导致伤员昏迷甚至休克，甚至会危及生命。

失血处理有以下几种方法：抬高伤肢法、加压包扎止血法、屈肢加垫止血法、填塞止血法、指压止血法、止血带止血法等。

抬高伤肢法是将受伤的肢体抬高使出血部位高于心脏，降低出血部位的血压而减少出血，如图7—8所示。抬高伤肢法适用于四肢的毛细血管和小静脉出血，在其他情况下只能作为一种辅助方法。

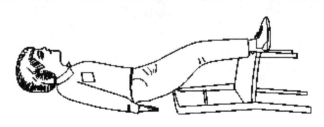

图7—8　抬高伤肢法

加压包扎止血法是指用消毒纱布或干净的毛巾、布块折叠成比伤口稍大的垫盖住伤口，再用绷带或折成条状布带或三角巾紧紧包扎，其松紧度以能达到止血目的为宜。此种止血方法多用于静脉出血和毛细血管出血。

屈肢加垫止血法是适用于四肢非骨折性创伤的动脉出血的临时止血措施。当前臂或小腿出血时，可于肘窝或腘窝内放纱布、棉花、毛巾作垫，屈曲关节，用绷带将肢体紧紧地缚于屈曲的位置，如图7—9所示。

　　填塞止血法是指用消毒的纱布、棉垫等敷料填塞在伤口内，再用绷带或三角巾加压包扎，松紧度以达到止血为宜，常用于颈部、臂部等较深伤口。

　　指压止血法是根据动脉的走向，在出血伤口的近心端，利用大拇指的压力将出血伤口的供血动脉压向骨骼从而达到止血目的。常用于头部、颈部、四肢的出血。

　　止血带止血法只适用于四肢大血管出血，能用其他方法临时止血的不要轻易使用止血带。止血带应绑在上臂的上1/3处和大腿中部；不应在上臂的中1/3处和腘窝下使用止血带，以免损伤神经。止血带止血法如图7—10所示。若放松时观察已无大出血可暂停使用。严禁用电线、铁丝、细绳等作止血带使用。

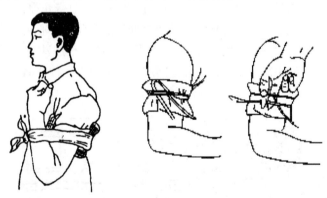

图7—9　屈肢加垫止血法　　　　图7—10　止血带止血法

　　在伤口渗透血的处理上，要用比伤口稍大的消毒纱布覆盖伤口数层，然后进行包扎，若包扎后仍有较多渗血，可再加绷带适当加压止血。

　　在伤口大出血处理上，伤口出血呈喷射状或涌出鲜红血液时，根据出血部位不同，立即用清洁手指压迫出血点上方（近心端），使血流中断，并将出血肢体抬高或举高，以减少出血量。

　　用止血带或弹性较好的布带等止血时，应先用柔软布片、毛巾或伤员的衣袖等数层垫在止血带下面，以左手的拇指、食指、中指持止血带的头端，将长的尾端绕肢体一圈后压住头端，再绕肢体一圈，然后用左手食指和中指夹住尾端后，将尾端从止血带下拉过，由另一缘牵出，使之成为一个活结，如需放松止血带，只需将尾部拉出即可。

对四肢动脉出血，用绷带或三角巾勒紧止血时，可在伤口上部用绷带或三角巾叠成带状或就地取材勒紧止血。方法：第一道绑扎作垫，第二道压在第一道上面勒紧，如有可能，尚可在出血伤口近心端的动脉上放一个敷料或纸卷作垫，而后勒紧止血。

而对于使用止血带或弹性较好的布带等止血或使用绷带和三角巾勒紧止血时，止血以刚使肢端动脉搏动消失为度。每60分钟放松一次，每次放松1～2分钟，开始扎紧与每次放松的时间均应书面标明在止血带旁，扎紧时间不宜超过4小时。

三、骨折急救处理

肢体骨折时可用夹板或木棍、竹竿等将断骨上、下方的两个关节固定，如图7—11所示。也可利用伤员身体进行固定，避免骨折部位移动，以减少疼痛，防止伤势恶化，便于运输。

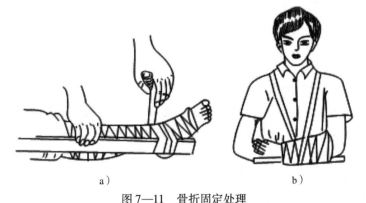

a）　　　　　　　　　　　　　b）

图7—11　骨折固定处理

a）小腿骨折固定　b）前臂骨折固定

对开放性骨折且伴有大出血者，应先止血，再固定，并用干净布片覆盖伤口，然后速送医院救治，切勿将外露的断骨推回伤口内。

　　在发生肢（指）体断开时，应进行止血并妥善包扎伤口，同时将断肢（指）用干净布料包裹随送，最好低温（4℃）干燥保存，切忌用任何液体浸泡。

　　若怀疑伤员有颈椎损伤，在使伤员平卧后，可用沙土袋（或其他代替物）放置头部两侧使颈部固定不动，如图7—12所示。如需进行口对口呼吸时，只能采用抬颏使气道通畅，不能再将头部后仰移动或转动头部，以免引起截瘫或死亡。

图7—12　颈椎骨折固定

　　腰椎骨折时应将伤员平放卧躺在平硬木板上，并将腰椎躯干及两侧下肢一同进行固定，预防瘫痪，如图7—13所示。搬运时应数人合作，保持平稳，不能扭曲腰部。

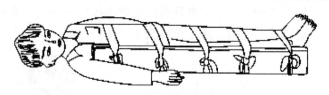

图7—13　腰椎骨折固定

四、颅脑外伤处理

　　若发生颅脑外伤后应使伤员采取平卧位，保持气道通畅，若有呕吐，应扶好头部和身体，使头部和身体同时侧转，防止呕吐物造成窒息。

　　如果耳、鼻有液体流出时，不要用棉花堵塞，只可轻轻拭去，以利降低颅内压力，也不可用力擤鼻，以防止液体再吸入鼻内，导致逆性感染。

　　有碎骨片时，切勿移动嵌压的碎骨片，可用无菌纱布覆盖，并进行相应包扎。

颅脑外伤时，病情可能复杂多变，应禁止给予饮食，并注意瞳孔、意识和生命体征的变化，速送医院诊治。

对有严重休克或呼吸道有梗阻者，禁忌仓促搬运及远道转送，昏迷伤者应侧卧或仰卧，头偏向一侧，以防呕吐后误吸。

五、烧伤处理

对电灼伤、火焰烧伤或高温汽、水烫伤均应保持伤口清洁，伤员的衣服、鞋袜用剪刀剪开后除去，伤口全部用清洁布片覆盖，防止污染。四肢烧伤时，先用清洁冷水冲洗，然后用清洁布片或消毒纱布覆盖送医院。

直接用冰敷灼伤处有可能导致组织缺血，长时间冰敷会造成小的灼伤进一步损伤，用冰或冰水冷敷灼伤处不应超过 10 分钟，尤其是烧伤比较广的（ >20% 体表面积）。

强酸或强碱灼伤应立即用大量清水彻底冲洗，并迅速将被侵蚀的衣物剪去。为防止酸、碱残留在伤口内，冲洗时间一般不少于 10 分钟。

未经医务人员同意，切忌在烧伤和灼伤创面敷擦仟何东西和药物。可给伤员多次口服少量糖盐水。

六、挤压伤急救处理

对挤压伤部位早期处理是否恰当直接关系病程发展及其愈合。

救护人员应尽早搬除或松解挤压物，并尽快将伤员移至安全地带。

当有伤口时应包扎伤口，怀疑有骨折或肢体肿胀时，应当予以夹板超关节固定。

对于挤压伤伤员的伤肢严禁抬高、按摩、热敷。

七、冻伤急救处理

如果冻伤使肌肉僵直，严重者深及骨骼，在救护转运过程中动作要轻柔，不要强使其肢体弯曲活动，以免加重损伤，应使用担架，将伤员平放卧躺，并抬至温暖室内救治，如果伤员无呼吸、心跳，应立即实施心肺复苏。

将伤员身上潮湿的衣服剪去后，用干燥柔软的衣物覆盖或将冻肢立即浸泡在 40~42 摄氏度的温水中 20~30 分钟，至冻区组织软化、皮肤转红。对颜面部冻伤，可用 42 摄氏度左右的温水浸湿毛巾进行局部热敷。在无温水的条件下，救护人员可先将冻肢立即置于自身或被救护者的温暖部位，严禁烤火、搓雪、冷水浸泡或用力捶打受伤部位，受冻时间超过 24 小时者不宜复温。

全身冻伤者其呼吸和心跳有时十分微弱，在未获得确切的死亡证据前，不应误认为死亡，应努力抢救。

八、动物咬伤急救处理

1. 对于毒蛇咬伤的处理方法

（1）咬伤后，不要惊慌、奔跑、饮酒，以免加速蛇毒在人体内扩散。

（2）咬伤大多在四肢，应迅速从伤口上端向下方反复挤出毒液，也可用口吮吸，把停留在伤口内的蛇毒尽量抽吸出来，如此反复进行多次（但要注意吮吸者口腔内不能有伤口或溃疡）。

（3）用利器把伤口切开，用大量清水冲洗伤口至少半小时以上。如附近没有水源，可用自身尿液冲洗。注意应将伤肢固定，避免活动，以减少毒液的吸收。

（4）可就地取用草绳、手帕或布带等在伤口上方（近心端）2~3 厘米处扎紧，松紧度以通过一指尖为宜，每 2 小时放松一次，每次放松 1 分钟。如果伤处肿胀迅速扩大，要检查是否绑得太紧，绑的时间应缩短，放松时间应增多，以免肢体缺血坏死。

（5）在咬伤后应在 0.5~1 小时内处理完毕，防止毒素扩散。

（6）有蛇药时可先服用，并送往医院救治。

2. 对于犬咬伤的处理方法

（1）犬咬伤后，应立即用肥皂水或清水彻底冲洗伤口至少 15 分钟，同时用挤压法自上而下将残留在伤口内的唾液挤出，彻底冲洗后用 2%~3% 碘酒或 75% 酒精涂擦伤口。

（2）少量出血时，不要急于止血，也不要包扎或缝合伤口。

（3）尽量设法查明该犬是否为"疯狗"，这对医院制订治疗计划有较大帮助。

第四节　溺 水 急 救

溺水是常见的意外，溺水后可引起窒息缺氧，严重时会导致心跳停止的情况称为溺死。因此，对溺水者的急救就变得极为重要。

一、溺水的急救原则

1. 水中救护

（1）自救：不习水性而落水者，不必惊慌，迅速采取自救：头后仰，口向上，尽量使口鼻露出水面，进行呼吸，不能将手上举或挣扎，以免使身体下沉。会游泳的人如肌肉疲劳、肌肉抽筋也应采取上述自救办法。

（2）互救：溺水救护者要镇静，尽量脱去外衣、鞋、靴等，迅速游到溺水者附近，看准位置，从其后面靠近，不要让慌乱挣扎中的落水者抓住。用左手从其左臂或身体中间握其右手，或拖头部，然后两人均采用仰泳，（以利于呼吸）将其带至安全处。

如果救护者不习水性，可带救生圈、救生衣或塑料泡沫板、木板等，有条件的采用可以漂浮的脊柱板。若有必要，可进行口对口的人工呼吸。注意，不要被溺水者紧抱缠身，以免累及自身。

抓紧时机高声呼救，获得帮助，拨打急救电话等。

2. 岸上救护

（1）救上岸后，将病人头偏向一侧，清除口、鼻腔内的泥沙、污物，将舌头拉出口外，保持呼吸道通畅。检查呼吸、脉搏。

如尚有心跳、呼吸，救护人可立即取半跪姿势，将溺水者的腹部放在大腿上，使头部下垂，轻压其背部，或采用海氏腹部冲击法，给予控水。或将溺水者俯卧，头低，腹垫高，压其背部排出肺、胃内积水。如果控水效果不佳，不要为此而耽误时间，应在稍加控水后立即进行人工呼吸术。

（2）如遇到呼吸停止、意识不清者，迅速打开其气道，口对口吹气2次，胸部若无起伏，按昏迷气道梗阻的方法救治。

（3）如呼吸、心跳骤停，立即采用人工呼吸术。

（4）不要轻易放弃抢救，特别是低体温情况下，应抢救更长时间，直到专业医务人员到达现场。

（5）现场救护有效，病人恢复心跳、呼吸，可用干毛巾擦遍全身，自四肢、躯干向心脏方向摩擦，以促进血液循环。

二、溺水急救的注意事项

发现有人溺水时，在保证自身安全的前提下，应设法迅速将其从水中救出，呼吸、心跳停止者用心肺复苏技术坚持抢救，受过水中抢救训练者可在水中抢救。

口对口人工呼吸因异物阻塞难以进行时，可用手指除去，如欲排除气道内的液体，推荐采用吸引的方法，其他方法如腹部冲击法具有潜在危险，故不推荐使用。

在人工呼吸或胸外心脏按压时，溺水者会出现呕吐，如呕吐，则将其头部偏向一侧，用手指、手帕或吸引的方法去除呕吐物。

在抢救溺水者时不应因"倒水"而延误抢救时间，更不应仅"倒水"而不用心肺复苏技术进行抢救。

搬动时如存在颈椎、脊柱损伤，应固定头、颈和躯干在同一直线上。

第五节　高温中暑急救

根据高温作业人员的职业史（主要指工作时的气象条件）及体温升高、肌痉挛或晕厥等主要临床表现，排除其他类似的疾病，可诊断为职业性中暑。

中暑按照症状轻重不同分为中暑先兆、轻症中暑和重症中暑。

一、中暑的急救原则

发现有高温中暑者，应立即将中暑者从高温或日晒环境中转移到阴凉通风处休息。让病人仰卧，解开衣扣，脱去或松开衣服，如衣服被汗水湿透，应更换干衣服。

用冷水擦浴、湿毛巾覆盖身体、电扇吹风或在头部置冰袋等方法降温。

意识清醒的病人或经过降温清醒的病人可饮服绿豆汤、淡盐水或含盐饮料或含盐0.1%~0.3%的凉开水等解暑，还可服用人丹和藿香正气水。

如果中暑者昏倒，可用手指掐压中暑者的人中或针刺双手十指指尖，等中暑者症状好转时再送往附近医院治疗。

对于重症中暑病人，要立即拨打120电话，请求医务人员紧急救治。

二、中暑的急救步骤

搬——转移病人：迅速将病人搬移至阴凉、通风的地方，用扇子和电扇扇风，同时垫高头部，解开衣领、裤带，以利于呼吸和散热。

擦——物理降温：用冷水或稀释至40%的乙醇（酒精）擦身，或用冷水淋湿的毛巾或冰袋、冰块置于病人颈部、腋窝和大腿根部腹股沟处等大血管部位，帮助病人散热。

服——使用药物：在额部、颞部（太阳穴）擦拭清凉油、风油精等提神醒脑药，或服用人丹、十滴水、藿香正气水等解暑药。

掐——按压穴位：若病人昏迷不醒，则可用大拇指按压病人的人中、合谷等穴位。

补——补充体液：病人苏醒后，给予淡糖盐水以补充体液的损失。

对于经解救清醒后的病人，必须在凉爽通风处充分安静休息，因为此时体内的抗中暑机能处于疲劳状态，若重回炎热的环境或参加体力活动，会引发比前次中暑更加严重的后果。

第六节　有毒气体中毒急救

一、对于一般有毒气体的急救原则

怀疑可能存在有毒气体时，应立即将人员撤离现场，转移到通风良好处休息，抢救人员应在做好自身防护（如现场毒物浓度很高应戴防毒面具）后，才能执行施救任务，将中毒者转移到空气新鲜处。

对已昏迷中毒者应保持气道通畅，解开领扣、裤带等束缚，注意保温或防暑，有条件时给予氧气吸入。呼吸、心跳停止者应立即进行心肺复苏，并联系医院救治。

迅速查明有毒气体的名称，供医院及早对症治疗。

护送中毒者要取平卧位，头稍低，并偏向一侧，避免呕吐物进入气管。

二、一氧化碳中毒的急救原则

立即将病人移到空气新鲜的地方，松解衣服，但要注意保暖。对呼吸心跳停止者立即进行人工呼吸和胸外心脏按压，并肌注呼吸兴奋剂、山梗菜碱或回苏灵等，同时给氧。昏迷者针刺人中、十宣、涌泉等穴。病人自主呼吸、心跳恢复后方可送医院。

若有条件时，可做一般性后续治疗：①纠正缺氧改善组织代谢，可采用面罩鼻管或高压给氧，应用细胞色素 C 15 毫克（用药前需做过敏试验），辅酶 A 50 单位，ATP 20 毫克，静滴以改善组织代谢；②减轻组织反应可用地塞米松 10～30 毫克静滴，每日 1 次；③高热或抽搐者用冬眠疗法，脑水肿者用甘露醇或高渗糖进行脱水等；④严重者可考虑输血或换血，使组织能得到氧合血红蛋白，尽早纠正缺氧状态。

三、二氧化碳中毒的急救原则

首先使患者脱离中毒环境，转到地面上或通风良好的地方，然后再做其他有关处理。

在消防人员需要深入到地下建筑以前，最好先测试一下其中的空气成分，若在紧急情况下，没有现成的仪器，则可取一蜡烛点着，用绳索慢慢地吊到下面，从火着、火灭来判断情况，循情进入。

根据测定情况，决定是先进入或是先改善地下建筑的空气状况。这时可使用鼓风机等促进通风，切忌盲目入内，既救不了别人，又害了自己。

经过通风处理后，救护人员方可入内救人。但为了保障安全，预防意外发生，仍需用安全绳、导引绳等，若用防毒面具，则更为理想。

救出的人员，应立即移至空气新鲜通风良好的地方，松开衣领、内衣、乳罩和腰带等。对呼吸困难者立即给予氧气吸入，或做口对口人工呼吸，必要时注射呼吸中枢兴奋剂。对心跳微弱已不规则或刚停止者，同时施行胸外心脏按压，注射肾上腺素等。

救援者本人进入地下建筑内后，若感到头晕、眼花、心慌、呼吸困难等，立即返回，以免中毒。即使佩戴防毒面具，也应严格计算时间，切勿大意。

四、六氟化硫中毒的急救原则

六氟化硫即 SF_6，属气体，是一种无毒、无味、无色、化学上极稳定的物质。它具有优越的电气绝缘和灭弧性能，已越来越广泛地应用在电气设备中。但在其合成过程中和电弧作用下，由于渣质的存在（尤其是水分的存在），使得六氟化硫气体中产生硫、氟、氢、氧、碳等15种元素组的化合物。其中相当一部分有腐蚀性、刺激性和毒性，而且危及人员安全。

一般六氟化硫气体中毒后会出现不同程度的流泪、打喷嚏、流涕、鼻腔、咽喉有热辣感，发音嘶哑、咳嗽、头晕、恶心、胸闷、颈部不适等症状。若在现场发现六氟化硫中毒人员，应该迅速将中毒伤者脱离现场至空气新鲜处。保持呼吸道通畅。如呼吸困难，应输氧。如呼吸停止，立即进行人工呼吸，并迅速送到医院急救。

第七章思考题

1. 紧急救护的基本原则有哪些？
2. 低压触电可采用哪些具体的方法使触电者脱离电源？
3. 什么是抬高伤肢法？
4. 溺水急救的注意事项有哪些？
5. 中暑的急救步骤有哪些？

附件 电力企业三级安全教育试题

一、填空题（每空1分，共20分）

1. 2014年新《安全生产法》确立了"安全第一，_____，_____"的安全生产方针。

2. 生产经营单位使用被派遣劳动者的，被派遣劳动者享有新《安全生产法》规定的从业人员的_____，并应当履行新《安全生产法》规定的从业人员的_____。

3. 电气设备按运行状态可分为四种状态：_____状态、热备用状态、冷备用状态、_____状态。

4. 变电站是电力网重要组成部分，是改变电压、控制和分配电能的场所。从规模上分，变电站有_____、地区重要变电站、_____。

5. 配电网按电压等级来分，可分为_____、中压配电网、_____。

6. 绝缘安全工具分为_____安全工具和_____安全工具两大类。

7. 安全标志牌的用途是警告工作人员不得接近设备的带电部分，提醒工作人员在工作地点采取安全措施，以及表明禁止向某设备合闸送电等。从用途来分，安全标志牌分为_____、_____和警告三类。

8. 电力安全生产事故可以分为_____、_____、电力生产设备事故三大类。

9. 电力行业各企业单位的院外紧急救护小组应明确任务，熟练掌握各种_____，并负责对本单位人员进行_____培训。

10. 中暑按照症状轻重不同分为：中暑先兆、_____和_____。

二、单选题（每题 1 分，共 10 分）

1. 2014 年新《安全生产法》明确规定，强化落实生产经营单位的主体责任，建立（　　）负责、职工参与、政府监管、行业自律、社会监督的机制。

A. 生产经营单位　　　　　B. 企业法人

C. 安监局　　　　　　　　D. 工会

2. 生产经营单位不得以任何形式与从业人员订立协议，免除或者减轻其对从业人员因生产安全事故伤亡依法应承担的（　　）。

A. 义务　　　　　　　　　B. 权利

C. 劳动合同　　　　　　　D. 责任

3. 为了制裁那些严重的安全生产违法犯罪分子，《安全生产法》设定了（　　）。

A. 刑事责任　　　　　　　B. 法律责任

C. 违法责任　　　　　　　D. 违纪责任

4. （　　）内容包括本企业安全生产状况、国家有关劳动保护的文件、企业内不安全点的介绍、一般的安全技术知识等。

A. 厂级教育　　　　　　　B. 车间教育

C. 班组教育　　　　　　　D. 师带徒教育

5. （　　）属于二次设备。

A. 发电机　　　　　　　　B. 变压器

C. 电动机　　　　　　　　D. 直流电源设备

6. （　　）即为电气设备的开关、闸刀处于分闸位置，其动力、保护和控制电源均断开，并置有完善的安全措施。

A. 运行状态　　　　　　　B. 热备用状态

C. 冷备用状态　　　　　　D. 检修状态

7. 高处作业的级别可分为四级，高处作业在 2～5 米时为（　　）高处作业。

A. 一级　　　B. 二级　　　C. 三级　　　D. 特级

8. （　　）所承担的安全责任是核实工作票上所填安全措施是否正确完备。

A．工作负责人　　　　　　B．工作票签发人

C．工作许可人　　　　　　D．专责监护人

9．（　　）属于基本绝缘安全工具。

A．安全带　　B．安全帽　　C．绝缘棒　　D．脚扣

10．（　　）可影响细胞膜的物理化学效应，致使细胞膜的精细功能受到损伤。

A．噪声　　　　　　　　　B．工频电场

C．六氟化硫　　　　　　　D．氮氧化物

三、多选题（每题 2 分，共 20 分）

1．触电急救的救护原则为（　　）。

A．迅速　　　B．就地　　　C．准确　　　D．坚持

2．电力行业产生职业病危害因素有（　　）。

A．噪声　　　　　　　　　B．振动

C．工频电场　　　　　　　D．六氟化硫

3．氮氧化物对人体的健康影响包括（　　）。

A．氮氧化物主要损害呼吸道

B．吸入初期仅有轻微的眼及呼吸道刺激症状

C．慢性影响主要表现为神经衰弱综合征及慢性呼吸道炎症

D．引起以肺组织广泛纤维化为主要病变的职业病——尘肺

4．防止重大电网事故的对策包括（　　）。

A．防止电力系统稳定破坏事故

B．加强继电保护运行管理，进一步提高正确动作率

C．应用好电力系统安全自动装置

D．建立事故预防与应急处理体系

5．辅助绝缘安全工具是不能用于直接接触高压设备带电部分，辅助绝缘安全工器具包括（　　）。

A．安全帽　　　　　　　　B．绝缘手套

C．绝缘靴　　　　　　　　D．绝缘胶垫

6．干粉灭火器的适用范围包括（　　）。

A．各种易燃、可燃液体

B. 易燃、可燃气体火灾

C. 超过 5 000 伏的带电物体火灾

D. 精密电气设备的火灾

7. 变电站主要组成包括（　　）。

A. 馈电线　　　　　　　　　　B. 母线

C. 隔离开关　　　　　　　　　D. 接地开关

8. （　　）等工作需要按规定执行电力线路第二种工作票。

A. 在电力线路上带电作业

B. 在带电线路杆塔上工作

C. 在运行中的配电变压器台上或配电变压器室内的工作

D. 在发电厂或变电所高压电气设备上工作

9. （　　）是电力线路上工作的安全技术措施。

A. 停电　　　　B. 验电　　　C. 挂接地线　　D. 送电

10. （　　）是新的《安全生产法》的重要内容。

A. 坚持以人为本，推进安全发展

B. 建立完善安全生产方针和工作机制

C. 进一步强化生产经营单位的安全生产主体责任

D. 进一步明确了工会对职业病防治法监管的职能

四、判断题（每题1分，共20分）

1. 安全生产的最终目的就是保护劳动者在生产中的安全和健康，促进经济建设的发展。（　　）

2. 新的《职业病防治法》进一步明确了工会对职业病防治法监管的职能。（　　）

3. 生产经营单位的从业人员有权了解其作业场所和工作岗位存在的危险因素、防范措施及事故应急措施，有权对本单位的安全生产工作提出建议。（　　）

4. 《安全生产法》是我国众多的安全生产法律、行政法规中首先设定民事责任的法律。（　　）

5. 从事电能生产、传输和销售的行业称为电力工业。（　　）

6. 电力安全事故是指电力生产或者电网运行过程中发生的影

响电力系统安全稳定运行或者影响电力正常供应的事故。　（　　）

　　7.　特种作业人员必须按照国家有关规定，经专门的安全作业培训、取得特种作业操作资格证书。　　　　　　　　　　　　（　　）

　　8.　施工单位应按类别，有针对性地将各类安全警示标志悬挂于施工现场各相应部位，夜间应设红灯示警。　　　　　　　　（　　）

　　9.　将设备由一种状态转变为另一种状态的过程叫作检修。
　　　　　　　　　　　　　　　　　　　　　　　　　　　　　（　　）

　　10.　倒闸操作时，允许将设备的电气和机械防误操作闭锁装置解除。　　　　　　　　　　　　　　　　　　　　　　　　　（　　）

　　11.　工作票由发布工作命令的人员填写，一式两份。一般在开工前一天交到运行值班处，并通知施工负责人。　　　　　　（　　）

　　12.　水电厂要预防高处坠落、围堰坍塌、起重机械与脚手架倒塌，水库大坝安全监测和水雨情测报及水轮机的安全检测。（　　）

　　13.　生物质发电主要是利用人类日常生活中的秸秆、垃圾等可燃物质进行燃烧产生的热能发电。　　　　　　　　　　　　（　　）

　　14.　线路铁塔、钢管塔和有脚钉的水泥杆上必须设置"禁止攀登，高压危险"标志牌。　　　　　　　　　　　　　　　　（　　）

　　15.　进行直接接触20千伏及以下电压等级带电设备的作业时，应穿着合格的绝缘防护用具。　　　　　　　　　　　　　（　　）

　　16.　核相器是用于短时间对带电设备进行操作或测量的绝缘工具，如接通或断开高压隔离开关、跌落熔丝具等。　　　　（　　）

　　17.　绝缘棒要求每两年试验一次，每次5分钟。　　　　　（　　）

　　18.　安全设施规范化是电力企业安全工作标准化的一个重要组成部分。　　　　　　　　　　　　　　　　　　　　　　　（　　）

　　19.　在火力发电厂的运营和维护过程中，广泛分布并易对劳动者产生职业病危害的因素主要包括粉尘、噪声、有害有毒化学物质和高温四种。　　　　　　　　　　　　　　　　　　　　　（　　）

　　20.　生产中可能突然溢出大量可能导致急性中毒或易燃爆的化学物质，作业区域应设置监控报警装置和警示牌。在可能造成急性中毒区域设置监测报警仪器。　　　　　　　　　　　　　（　　）

五、简答题（每题4分，共20分）

1. 什么是安全生产责任制？
2. 作业现场的基本条件包括哪些？
3. 什么是倒闸操作？
4. 变电站的二次系统安全隔离措施有哪些？
5. 使用泡沫灭火器的注意事项包括哪些？

六、问答题（每题5分，共10分）

1. 火电厂的粉尘防护措施包括哪些？
2. 什么是倒闸操作的一般原则？

附件 电力企业三级安全教育试题答案

一、填空题（每空1分，共20分）

1. 预防为主 综合治理
2. 权利 义务
3. 运行 检修
4. 枢纽变电站 一般变电站
5. 高压配电网 低压配电网
6. 基本绝缘 辅助绝缘
7. 禁止 允许
8. 电力生产人身事故 电网事故
9. 急救技术 紧急救护技术
10. 轻症中暑 重症中暑

二、单选题（每题1分，共10分）

1. A   2. D   3. A   4. A   5. D
6. D   7. A   8. B   9. C   10. B

三、多选题（每题2分，共20分）

1. ABCD   2. ABCD   3. ABC   4. ABCD
5. BCD   6. AB   7. ABCD   8. ABC
9. ABC   10. ABC

四、判断题（每题1分，共20分）

1. √   2. √   3. √   4. √   5. √
6. √   7. √   8. √   9. ×   10. ×
11. √   12. √   13. √   14. √   15. √
16. ×   17. ×   18. √   19. √   20. √

五、简答题（每题 4 分，共 20 分）

1. 什么是安全生产责任制？

答：安全生产责任制是根据我国的安全生产方针"安全第一，预防为主，综合治理"和安全生产法规建立的各级领导、职能部门、工程技术人员、岗位操作人员在劳动生产过程中对安全生产层层负责的制度。

2. 作业现场的基本条件包括哪些？

答：（1）作业现场的生产条件和安全设施等应符合有关标准、规范的要求，工作人员的劳动防护用品应合格、齐备。

（2）经常有人工作的场所及施工车辆上宜配备急救箱，存放急救用品，并应指定专人经常检查、补充或更换。

（3）现场使用的安全用具应合格并符合有关要求。

（4）各类作业人员应被告知其作业现场和工作岗位存在的危险因素、防范措施及事故紧急处理措施。

3. 什么是倒闸操作？

答：电气设备分为运行、热备用、冷备用、检修四种状态。将设备由一种状态转变为另一种状态的过程叫倒闸，此过程中所有进行的操作叫倒闸操作。

4. 变电站的二次系统安全隔离措施有哪些？

答：（1）在全部停运的继电保护、安全自动装置和仪表、自动化监控系统等屏（柜）上工作时，在检修屏（柜）两旁及对面运行屏（柜）上设置临时遮拦或以明显标志隔开。

（2）在部分停运的继电保护、安全自动装置和仪表、自动化监控系统等屏（柜）上工作时，在检修间隔上下与运行设备以明显标志隔开。

（3）在继电保护、安全自动装置和仪表、自动化监控系统等屏（柜）上或附近进行打眼等振动较大的工作时，采取防止运行设备中设备误动作的措施，必要时申请暂停保护。

（4）在继电保护、安全自动装置和仪表、自动化监控系统等屏间的通道上搬运、安放试验设备或其他屏柜时，注意与运行设备保持一定距离，防止误碰运行设备。

5. 使用泡沫灭火器的注意事项包括哪些？

答：（1）灭火器使用温度范围一般为 4~55 摄氏度，冬季注意防冻。

（2）化学泡沫灭火器灭火时需倒置，其他水型和泡沫型灭火器不得倒置喷射。

（3）泡沫灭火器的灭火剂使用年限不同，注意按灭火器说明定期检查更换灭火剂。

（4）泡沫灭火器不能扑救带电物体火灾。

（5）不宜用于电气设备和精密金属制品的火灾。

六、问答题（每题 5 分，共 10 分）

1. 火电厂的粉尘防护措施包括哪些？

答：粉尘的防护措施主要在于工艺设计和施工中对设备和管道采取有效的密封措施和防磨材料，防止物料的跑、冒、滴、漏。具体说来主要包括以下措施：

（1）煤场每隔若干米装一喷头，每天喷水若干次，并在周围增加绿化带，以减少煤尘污染。

（2）采用门式滚轮堆取料机时，应加喷雾装置，每台滚轮机喷水量为 5~6 立方米每小时。

（3）筒仓原煤斗设重力式挡板，在叶轮给煤机上应设除尘器。

（4）在碎煤机室及各运转站设置缓冲锁气器，设密闭装置和除尘系统，传送带、地面设水冲洗设施，及时清洗地面灰尘。

（5）在输煤系统的值班室安装隔尘隔声装置。

（6）煤仓间每个原煤斗安装布袋式除尘器或其他除尘效果好的除尘器。

（7）采用负压式吸尘系统清除锅炉房和煤仓间输煤传送带层的散落灰尘。

（8）锅炉底层及运转层、灰浆泵房、各运转站、碎煤机室、筒仓均应设水力清扫装置，防止二次扬尘。

（9）磨煤制粉系统、干灰系统检修时要抽尽存粉或用水冲洗干净。

2. 什么是倒闸操作的一般原则？

答：（1）电气设备投入运行之前，应先将继电保护投入运行。没有继电保护的设备不允许投入运行。

（2）拉、合隔离开关及合小车断路器之前，必须检查确认相应断路器在断开位置（倒母线除外）。因隔离开关没有灭弧装置，当拉、合隔离开关时，若断路器在合闸位置，将会造成带负荷拉、合隔离开关而引起短路事故。而倒母线时，母线断路器必须在合闸位置，其操作、动力熔断器应取下，以防止母线隔离开关在切换过程中，因母联断路器跳闸引起母线隔离开关带负荷拉、合闸。

（3）停电拉闸操作必须严格按照断路器、负荷侧隔离开关、母线侧隔离开关的顺序依次操作，送电合闸操作应按上述相反的顺序进行，严防带负荷拉、合隔离开关。

（4）拉、合隔离开关后，必须就地检查刀口的开度及接触情况，检查隔离开关位置指示器及重动继电器的转换情况。

（5）在倒闸操作过程中，若发现带负荷误拉、合隔离开关，则误拉的隔离开关不得再合上，误合的隔离开关不得再拉开。

（6）油断路器不允许带工作电压手动分、合闸（弹簧机构断路器，当弹簧储能已储备好，可带工作电压手动合闸）。带工作电压用机械手动分、合油断路器时，因手力不足，会形成断路器慢分、慢合，容易引起断路器爆炸事故。

（7）操作中发生疑问时，应立即停止操作，并将疑问汇报给发令人或值班负责人，待情况弄清楚后，再继续操作。

参 考 文 献

［1］张殿华，李坤，董伟. 电力企业新工人三级安全教育读本. 北京：中国劳动社会保障出版社，2008.

［2］陈积民. 电力安全生产. 北京：中国电力出版社，1998.

［3］藏起喜，孟祥泽. 电力建设班组安全工作手册. 北京：中国电力出版社，2011.

［4］浙江省电力公司. 电力安全生产基础知识. 北京：中国电力出版社，1999.

［5］国家电网公司人力资源部组. 电力安全生产及防护. 北京：中国电力出版社，2010.

［6］吴新辉，汪祥兵. 安全用电（第二版）. 北京：中国电力出版社，2012.

［7］乔新国. 电气安全技术（第二版）. 北京：中国电力出版社，2009.

［8］黄兰英. 电力安全作业. 北京：中国电力出版社，2011.

［9］国家电网公司. 国家电网公司电力安全工作规程（变电部分）. 北京：中国电力出版社，2009.

［10］范维澄. 火灾风险评估方法学. 北京：科学出版社，2004.

［11］周秀华. 急危重症护理学. 北京：人民卫生出版社，2005.

［12］余贻鑫，陈礼义. 电力系统的安全性与稳定性. 北京：科学出版社，1988.

［13］刑娟娟. 用人单位职业卫生管理与危害防治技术. 北京：中国工人出版社，2012.